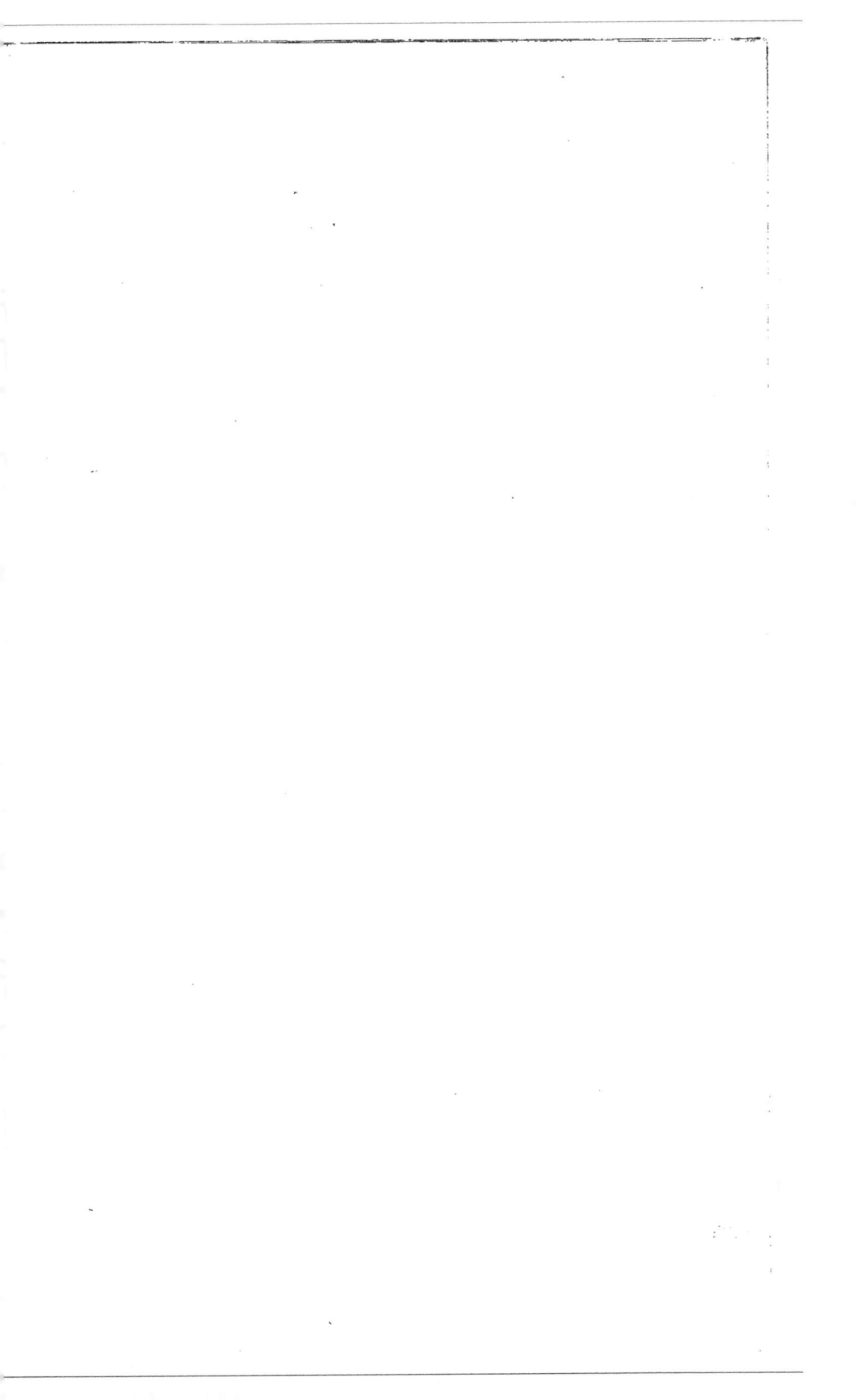

NOTICE

SUR LES

TERRAINS PALÉOZOIQUES

DU

Département de l'Hérault

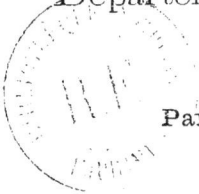

Par M. GRAFF

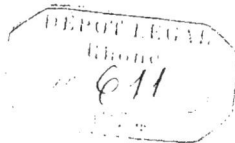

LYON

1874

©

En publiant cette notice qu'il me soit permis de rappeler le souvenir de l'excellent M. Fournet, dont la mort a si vivement affecté tous les amis de la science, et de me remémorer les heureux jours que nous avons employés ensemble à étudier les divers terrains des environs de Neffies (Hérault) ; le souvenir de ces jours est gravé à jamais dans ma mémoire.

M. Fournet ayant rendu compte du résultat de nos études sur le terrain supra-houiller des environs de Neffies dans son ouvrage intitulé : « *De l'extension des terrains houillers sous les formations secondaires et tertiaires de diverses parties de la France,* » page 69 et suivantes (Mémoire Acad. des Sciences de Lyon, tom. V et VI), je n'ai plus à m'occuper de ces terrains ; mais comme il ne lui a pas été donné de traiter aussi des diverses formations paléozoïques de cette contrée, je me suis décidé à entreprendre ce travail qui, se référant aux communications publiées par M. Fournet, ne pourra être bien compris que par ceux qui ont son travail sous leurs yeux.

On remarquera que je suis entré dans des détails minutieux, trop minutieux peut-être, mais j'espère que ceux qui voudront se livrer à des études géologiques dans le pays que j'ai décrit excuseront ces détails.

Quant à la carte géologique qui est jointe à ma notice, c'est la même que celle qui accompagne l'ouvrage de M. Fournet dont je viens de parler ; je fais seulement remarquer que j'ai complété cette carte en y ajoutant quelques failles qui manquaient et en produisant aussi quelques coupes de terrains qui en facilitent l'intelligence.

Grenoble le 10 novembre 1873.

GRAFF.

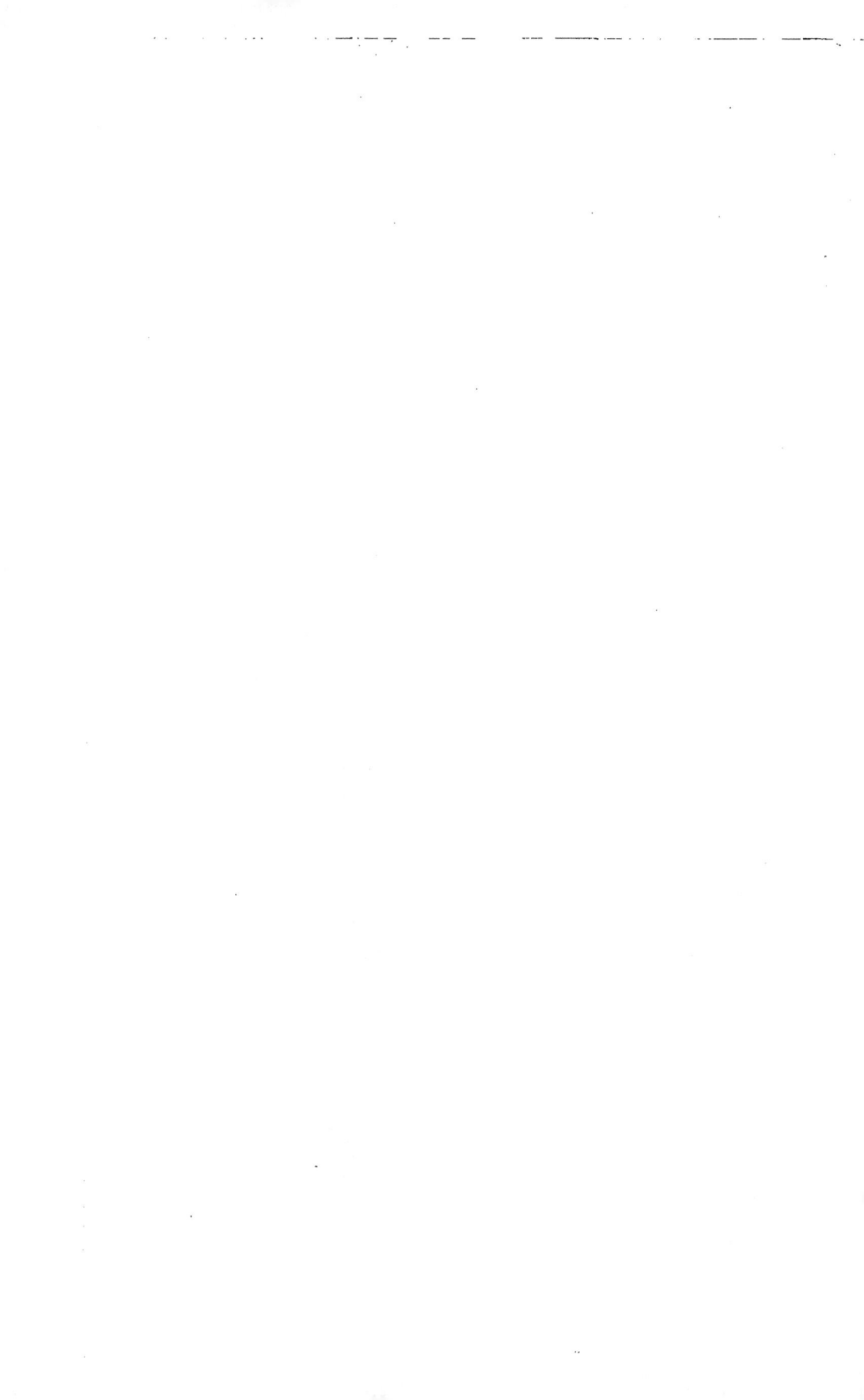

INTRODUCTION

L'épaisse succession des terrains sédimentaires comprise entre le terrain houiller et les roches cristallines, dans les contrées où ces dépôts se trouvent régulièrement développés, était autrefois connue sous le nom de « Terrains de transition » et la connaissance exacte de ces diverses formations, comprises aujourd'hui sous le nom de terrain Paléozoïques, est un des plus heureux résultats des études géologiques de notre temps.

Avant 1839, époque où parut le grand ouvrage de Murchison, intitulé : « *Silurian System* » on faisait bien une distinction entre le terrain houiller et les terrains qui le séparent des roches cristallines, mais les relations stratigraphiques de ces terrains, souvent très compliquées, le manque ou la rareté des fossiles, paraissaient former une *barrière* infranchissable à l'étude méthodique de ces divisions naturelles.

Enfin Murchison y établit des divisions et donna, par ce moyen, une nouvelle impulsion à l'étude de ces terrains, qui se propagea simultanément et rapidement dans les deux hémisphères. Grâce aux recherches persévérantes de MM. Barrande, de Verneuil, de Koninck, des frères Römer, d'Angelin, de James, Hall, de Forster, etc..... les résultats que l'on obtint furent considérables, et on peut espérer que les terrains anciens, dont l'étude a été longtemps négligée, seront bientôt aussi connus que les terrains jurassiques, crétacés et tertiaires.

Quelque faible que soit le contingent que l'on peut apporter à la somme totale de la connaissance d'une nouvelle doctrine, il peut encore y avoir quelque intérêt, surtout si ce contingent est le résultat d'une étude longue et minutieuse ; car on peut contribuer au développement des sciences encore jeunes et peu affermies, soit en corroborant les faits observés, soit en y apportant des modifications, soit en étendant la sphère des connaissances déjà acquises.

Guidé par cet ordre d'idée, nous allons entreprendre la publication d'une description détaillée des relations stratigraphiques, pétrographiques et paléontologiques des anciens terrains sédimentaires qui se trouvent ouest de Montpellier Hérault).

NOTICE

SUR LES

TERRAINS PALÉOZOIQUES

DU

Département de l'Hérault

La limite nord-ouest du département de l'Hérault est formée par une chaîne de montagnes qui, vue du côté du midi, se fait remarquer de loin, non-seulement par ses pentes rapides et décharnées, mais aussi par son altitude qui atteint 1,063ᵐ dans le pic de Montahut; cette chaîne, dont la crête forme la limite commune du département de l'Hérault et du département de l'Aveyron, est composée de roches cristallines; elle est dirigée de l'est-nord-est vers l'ouest-sud-ouest, jusqu'à la source de la rivière de la Mare; elle se confond vers l'ouest avec le haut plateau, dont le sommet de l'Epinouse (1,284ᵐ) forme le point culminant; à partir de ce point, elle se tourne vers le sud-est, et s'étend dans cette nouvelle direction jusqu'au cours de la rivière de l'Orb, à peu de distance à l'ouest de Lamalou-les-Bains.

Cette disposition orographique représente la forme d'un golfe, fermé au nord et à l'ouest par une ceinture de roches cristallines, et ouvert partout ailleurs.

C'est au fond de ce golfe que nous devons chercher la base du terrain silurien inférieur, ou terrain cambrien, si toutefois on voulait maintenir cette dénomination pour le terrain en question.

La formation de ce terrain a commencé ici par combler d'abord ce golfe et, grandissant successivement, elle a pris ensuite un développement immense vers l'est et vers l'ouest, développement dont la largeur visible, mesurée depuis la base jusqu'à Laurens, village encore bâti sur la partie supérieure de ce même dépôt, arrive à environ 20 kilomètres.

Nous diviserons cette grande formation en trois étages distincts.

L'étage inférieur, ou le premier, généralement composé de schistes argileux, commence au fond du golfe et se termine sur la rive gauche de la rivière de l'Orb.

Le second étage, dans lequel dominent les roches calcaires, commence immédiatement sur la rive gauche de l'Orb et se termine avec le calcaire fibreux, à peu de distance au sud du village de Faugères.

Et enfin le troisième étage, dans lequel le schiste argileux prédomine de nouveau, commence immédiatement au sud de ce dernier calcaire et se termine à peu de distance au sud du village de Laurens où il se cache sous le terrain tertiaire. (*Fig. 1, pl. 1*).

Nous avons déjà dit que les schistes argileux prédominaient dans le premier étage, en effet, cet étage qui, par parenthèse, supporte en placage la plus grande partie visible du terrain houiller de Graissesac, est composé, d'après M. Fournet (1), d'une alternance de schistes généralement peu métamorphiques, même au contact des roches cristallines, le plus souvent d'un vert sale, quelquefois rubifié, rude ou lustré, ou même simplement ardoisé, mais rarement capable de fournir une ardoise de qualité suffisante pour la toiture. J'ajoute que sa schistosité devient parfois confuse, et prend alors une structure contournée. Dans cet ensemble se rencontrent des veines irrégulières de quartzites d'une couleur verdâtre, ou d'un blanc sale ; on y voit également des bancs de grès à grains fins avec mica blanc, et des couches de calcaire, tantôt compact, d'une

---

(1) Voir le Bulletin de la Société géologique de France, 2ᵉ série, tome VIII, pages 44 et suivantes.

couleur bleuâtre, tantôt d'une couleur gris-cendré et d'une structure fibreuse. Toutes ces intercalations forment des lentilles plus ou moins allongées, dont l'épaisseur dépasse rarement un mètre. Comme ces entilles résistent mieux à l'influence des agents atmosphériques que les schistes qui les entourent par suite de leur plus grande dureté, on les remarque facilement, à cause des saillies qu'elles forment dans le milieu schisteux. On remarque notamment ces lames calcaires dans le voisinage des anciennes exploitations de minerais qui ont eu lieu dans la montagne de Boussagues.

Les strates du terrain qui nous occupe sont en général orientées de l'est-nord-ost vers l'ouest-sud-ouest, et plongent sous un angle moyen de 40 degrés vers le sud-sud-est; elles montrent souvent cette fissuration verticale que l'on attribue au retrait, mais elles ne présentent nulle part le double feuilletage, si commun dans beaucoup de roches à structures schisteuses d'autres contrées.

Le premier étage du terrain silurien que nous venons de définir, représente très-probablement l'étage C établi par M. Barrande dans son système silurien du centre de la Bohême, mais la faune primordiale que ce savant a reconnue dans les schistes protozoïques de la Bohême n'a pas encore été trouvée dans notre étage n° 1; espérons qu'elle le sera bientôt, et enlèvera le doute qui peut encore exister sur l'identité de notre étage n° 1 avec l'étage C de M. Barrande.

Avant de nous occuper du second étage, il convient encore de faire remarquer que l'on rencontre aussi dans le premier étage des veines irrégulières de quartz blanc avec ocre jaune, ce dernier provient sans doute de la décomposition des pyrites de fer. On y trouve même des filons d'une certaine régularité dans lesquels on rencontre de la galène argentifère, du cuivre gris, du cuivre pyriteux et de la blende. Ces minerais sont associés à des gangues composées de quartz blanc, de spath calcaire blanc ou rose, de baryte sulfatée blanche et du spath ferro-magnésifère. Quelques-uns de ces filons ont été autrefois l'objet d'exploitations assez importantes, notamment ceux de Boussagues et de Villemagne. Il existe aussi à Notre-Dame de Maurian des gisements de minerais de fer hydraté qui ne paraissent pas sans importance.

A partir du hameau de la Bourbouillie, situé sur la route qui va du village d'Hérépian au bourg de St-Gervais, ce premier étage silurien est couvert par le terrain triasique, sur lequel M. Fournet a donné des détails dans son ouvrage intitulé : « *Appendice aux aperçus concernant l'extension du terrain houiller de la France*, page 87 et suivantes. »

Ce terrain triasique cache ici complètement la partie supérieure de l'étage n° 1 du silurien, jusque sur la rive gauche de l'Orb en face d'Hérépian.

Aussitôt que l'on franchit l'Orb et que l'on suit la grande route qui conduit d'Hérépian au village de Faugères, on reconnaît immédiatement, à l'aspect des roches, que l'on se trouve dans un autre étage de notre terrain silurien ; cet étage se distingue généralement du premier par l'abondance et la variété des roches calcaires qui, alternant avec des schistes, se succèdent du nord au sud en s'élevant dans l'ordre des dépôts.

Les strates généralement dirigées comme celles du premier étage, inclinent sous un angle de 60 à 70 degrés vers le sud-est.

En quittant la rive gauche de l'Orb, on rencontre d'abord une succession de strates d'une roche schisteuse assez dure, d'une couleur bleuâtre, divisée en bancs de dix à trente centimètres d'épaisseur, dont la puissance totale est d'environ 50 mètres.

Cette première assise est suivie d'une autre bien plus puissante, mais entièrement composée de schistes argileux assez bien stratifiés, d'une couleur grise ou verdâtre, d'un aspect satiné ; ce schiste a beaucoup de ressemblance avec certaines parties schisteuses de l'étage n° 1. A cette dernière assise, en succède une autre plus puissante, composée de calcaire compact, quelquefois d'une structure subcristalline, d'une couleur bleue veinée de blanc, divisée en bancs de vingt centimètres à un mètre cinquante centimètres d'épaisseur.

Sur ce calcaire suit une nouvelle série de couches de schistes, d'un aspect tantôt mat, tantôt satiné, d'une couleur sale verdâtre ou grise, dont la partie supérieure prend une teinte tellement foncée qu'elle constitue un véritable schiste carburé.

La puissante assise de dolomie qui succéde à ce dernier schiste a été déjà désignée par M. Fournet, sous le nom de *Cargnieule brunissante et Dolomie des arrénasses* (1); elle est suivie d'un grand massif calcaire, généralement fibreux, quelquefois compact ou saccharoïde, alternant çà et là avec des lames de schistes verdâtres, surtout dans sa partie supérieure, à peu de distance au nord de Faugères; au reste, ces alternances ont été également reconnues par les travaux souterrains exécutés dans ces endroits par l'établissement du chemin de fer de Béziers aux mines de Graissesac.

Dans ce second étage, qui se termine avec ce dernier calcaire, on n'a jamais pu rencontrer aucun fossile déterminable, et les traces d'encrines qui ont été trouvées dans les environs du village de Pezènes, sont très-douteuses.

En suivant la route qui, partant de l'auberge du Lion, près de Faugères, se dirige vers Béziers, on arrive bientôt à la limite sud des calcaires fibreux, où commence le troisième étage du terrain silurien. Cet étage se maintient jusqu'au sud du village de Laurens, où il disparaît sous le terrain tertiaire.

Les schistes argileux qui composent ce dernier étage ont le plus souvent une couleur sale verdâtre, et renferment, surtout à leur partie inférieure, des lames de grès d'un grain fin, et dans leur partie supérieure, notamment dans le village même de Laurens, des couches de schistes noirs carburés de plusieurs mètres d'épaisseur.

A l'ouest de Laurens, ces schistes supportent quelques lambeaux isolés de calcaire carbonifère dont il sera question plus loin. Ils renferment aussi

(1) Bulletin de la Société géologique de France, 2ᵉ série, tome VIII, pag. 44 et s.

quelques gâteaux ou espèces de ludus, composés de marnes turbinées, sur lesquels nous reviendrons aussi ultérieurement.

Après avoir donné la coupe de la succession des roches qui constituent le terrain silurien inférieur, à partir du massif des roches cristallines jusqu'à sa disparition sous le terrain tertiaire, au sud de Laurens, nous allons momentanément quitter cette contrée où nos études s'arrêtent vers l'ouest, nous réservant de les étendre une autre fois jusque dans les environs de la ville de St-Pons. Pour le moment, nous allons nous transporter du côté opposé, c'est-à-dire vers l'est ; nous nous arrêterons dans les environs du village de Cabrières, près Clermont-Hérault, parce que c'est à cet endroit que les terrains qui nous occupent sont le mieux développés.

C'est au nord-ouest du village de Cabrières que disparaît brusquement le grand massif de calcaire fibreux que nous avons déjà vu à Faugères ; par suite de cette disparition, les schistes du deuxième étage, qui servent de support à ce calcaire, viennent naturellement en contact avec ceux du troisième étage.

Avant de nous occuper des détails de l'étage n° 3, nous allons d'abord essayer d'esquisser rapidement la physionomie de la contrée.

Lorsqu'on se place sur un point culminant et que l'on jette un coup-d'œil sur la surface occupée par les terrains paléozoïques des environs de Cabrières, on remarque immédiatement que l'on se trouve au milieu d'un massif montagneux, composé d'une série de schistes argileux et de calcaire, disposés de telle sorte que les schistes et certains massifs calcaires font alternance ensemble, tandis que d'autres parties calcaires, simplement superposées sur les schistes ou sur les calcaires intercalés dans ces schistes, ne paraissent être que des lambeaux échappés à une grande dénudation.

L'ensemble de ce massif montagneux est traversé par une vallée artérielle, celle où coule la rivière de la Boyne, qui prend sa source au nord de la montagne de Cayragnas, se dirige d'abord de l'ouest à l'est, mais arrivé au nord du village de Cabrières, elle se tourne vers le sud en coupant la stratification générale des terrains sous un angle presque droit. Cette rivière reçoit sur ses rives une multitude de ruisseaux qui forment des vallées longitudinales très-évasées dans les parties schisteuses, et qui ont dénudé toute cette contrée, ce qui fait ressortir les massifs calcaires placés les uns derrière les autres, et dont les parois souvent escarpées et nues offrent une perspective à la fois pittoresque et imposante.

Pour se former une idée de l'élévation respective des montagnes de la contrée, dont les sommets restent intermédiaires entre celui du pic de Binoon, ou pic de Cabrières, et le fond de la vallée de la Boyne, près du village de Fontès où les terrains paléozoïques sont encore visibles, nous dirons que le sommet du pic de Cabriéres est à une altitude de 482 mètres au-dessus du niveau de la mer, tandisque le fond de la vallée de la Boyne, près du village de Fontès, situé à une distance de 6,500 mètres environ au sud de ce pic, n'est qu'à environ 120 mètres au-dessus de ce niveau.

Après avoir fait connaître les relations orographiques de la contrée qui nous occupe, nous allons donner un aperçu de l'ordre que suivra notre travail.

Nous nous occuperons d'abord de l'étage n° 3 du terrain silurien inférieur ; nous parlerons ensuite de l'étage n° 4, ou du terrain silurien supérieur ; nous constaterons les grands bouleversements survenus dans le dépôt de ces deux terrains, à la suite des éruptions porphyriques, dans les vallées de la Peyne et de la Tongue. Nous nous occuperons successivement de la formation des terrains dévoniens et carbonifères, et nous terminerons par quelques mots sur le terrain houiller proprement dit, qui borde tout cet ensemble vers le sud.

A partir du contact des deux étages, situé, comme nous l'avons dit, au nord-ouest du village de Cabrières, l'étage n° 3 se développe vers le sud en stratification concordante avec l'étage n° 2 sur une largeur d'environ 6,500 mètres. Cet étage est composé d'une succession de couches assez bien stratifiées, d'un schiste argileux, dans lequel on ne distingue aucun grain, et d'une couleur sale verdâtre, plus ou moins foncée, d'un aspect tantôt mat, tantôt lustré, alternant avec des couches de schistes ardoisés plus durs, d'une couleur bleuâtre, qui prennent à la surface une teinte légèrement jaune. On rencontre aussi dans ces alternances des strates de schistes feuilletés entièrement noirs, à structure souvent contournée, dans lesquels on trouve des rognons de grès et quelquefois des rognons de pyrite de fer, mais on n'y trouve jamais de fossiles, comme on peut s'en convaincre en longeant le ruisseau Del Diou qui se jette dans la Boyne au sud du village de Cabrières.

Il se trouve aussi, dans ce grand dépôt de schistes, des bancs de grès à grains fins, avec des paillettes de mica blanc. L'épaisseur de ces bancs dépasse rarement vingt-cinq centimètres. On y voit aussi, quoique plus rarement, des bancs de conglomérat composés de noyaux de quartz blanc et de quartz lydien, d'une couleur bleue, dont les grains varient de un millimètre à un centimètre de diamètre : un de ces derniers bancs se trouve sur le talus droit de la grande route entre le village de Cabrières et la vallée de la Combe d'Izarne. Ce banc a une épaisseur de dix à quarante centimètres.

Si l'on examine ces bancs de grès avec un peu d'attention, on reconnaît qu'ils sont tous d'une étendue fort restreinte en direction, et qu'ils ne forment que des lames d'une existence éphémère dans les schistes qui les enclavent.

C'est dans les schistes argileux que nous venons de décrire que se trouvent les gâteaux ou Ludus dont nous avons déjà parlé, et c'est dans les environs de Cabrières qu'on les trouve avec le plus d'abondance. Ces gâteaux sont surtout remarquables parce qu'ils renferment très-souvent des Trilobites (genre Asaphus), des Graptolites, des Orthis et quelques autres fossiles. Comme ces gâteaux ont déjà été décrits par M. Fournet (1),

_____

(1) Bulletin de la Société géologique de France, tome VIII, page 44 et suiv.

nous nous abstiendrons d'en parler plus amplement. Enfin, aucun fossile n'a été reconnu dans les schistes en dehors des gâteaux ; mais les grès à grains fins et les schistes à couleur gris bleuâtre présentent quelquefois des empreintes de plantes qui ont beaucoup de ressemblance avec les empreintes d'Haliserites décrits par Goëpert.

Tout près du sommet de ce grand dépôt schisteux se trouve enfin une dernière couche de grès d'un aspect tout particulier, que nous élevons à l'importance d'une assise, pour le bien différencier de tous les autres grès dont il a été question, et surtout à raison des nombreux fossiles qu'il renferme et de la grande puissance qu'il acquiert quelquefois dans son extension vers l'ouest, notamment dans les montagnes du Grand et du Petit-Glauzy, où il est le mieux développé et où on peut le mieux l'étudier.

Ce grès se distingue de tous les autres grès enclavés dans les schistes par la position qu'il occupe, par son aspect, qui est d'une compacité extrême dans sa partie supérieure, où il renferme des Orthis, des Leptæna et divers polypiers qui n'ont pas encore été déterminés. - Dans sa partie inférieure, composée de gros grains de quartz et de parties schisteuses verdâtres traversées par de petits filets ocreux, on trouve des traces d'Encrines et des polypiers qui n'ont pas non plus été encore déterminés ; on trouve de ces fossiles au sommet du Grand-Glauzy.

Le développement de ce grès vers l'ouest, le long du plateau calcaire de Falgayras, est fort inégal, souvent même complétement anéanti, mais, lorsqu'il existe, il se présente toujours dans la position que nous lui avons assignée ; nous le désignerons sous le nom de grès de Glauzy, parce qu'il atteint la plus grande puissance (25 à 30 mètres) dans la montagne de ce nom dont il forme le sommet : M. Fournet, qui en a déjà parlé dans son mémoire inséré dans le *Bulletin de la Société géologique de France*, 2e série, tome VIII, page 44 et suivantes, l'a confondu avec le quartzite dit de Roc-Nègre, situé plus haut dans le calcaire du plateau de Falgayras dont il faut le séparer.

Le grès du Glauzy, avec ses fossiles caractéristiques, se rencontre à environ 50 mètres à l'est du premier contour de la grande route en entrant du côté sud dans la combe d'Izarne ; il s'y présente bien stratifié, avec une pente de 45 à 50 degrés vers le sud, dans un champ cultivé ; s'élève peu au-dessus du niveau du champ, et on l'a abattu pour en faire des murs de clôture.

Si la succession de notre terrain silurien est complète, le grès du Glauzy est immédiatement suivi par l'assise calcaire schisteuse, d'une couleur légèrement gris bleuâtre ou jaune verdâtre, à Hémicosmites pyriformis, Caryocystites, etc.... Ce calcaire, mentionné également par M. Fournet dans son mémoire précité, est aussi très-inégalement développé sur toute l'étendue longitudinale vers l'ouest. Souvent il n'en reste qu'une faible trace qui se trahit tantôt par la présence de plaques minces, à structure plutôt bacillaire que schisteuse (à peu de distance à l'ouest de l'embouchure de la galerie de Baringue, dans la vallée de Vailhan), tantôt par celle de tablettes des têtes d'Hémicosmites si répandues dans cette assise, ou par des polypiers qui lui sont propres (au sud du hameau de Lauriol, près de la Grange-du-Pin, à Gabian) ; souvent aussi toute trace de ce calcaire disparaît ou devient méconnaissable, comme dans l'extrémité est de notre terrain ; mais on peut affirmer que sa place se trouve immédiatement au-dessus du grès du Glauzy, et qu'elle n'existe pas ailleurs que là ; de même que le grès du Glauzy est le mieux développé, comme nous l'avons déjà dit, dans la montagne de ce nom, le calcaire schisteux à Hémicosmites, etc., est également le mieux développé sur toute son étendue dans cette montagne, car il y atteint une puissance de 15 à 20 mètres.

Parmi les fossiles que contient ce calcaire et qui ne sont pas encore déterminés pour la plupart, nous citerons les suivants, que M. de Verneuil a bien voulu nous indiquer :

Favosites Fibrosa (Vern.).   Leptena ?

Chætetes torrubiæ.   Hémicosmites pyriformis (Buch.).

Chætetes Trigeri.   Caryocystites (Buch.).

Orthis Trigeri?   Melania?

Enfin, pour clore la longue série de strates schisteuses qui se succèdent dans notre terrain silurien, il ne reste plus qu'à mentionner une assise de schistes noirs feuilletés qui, couvrant immédiatement les calcaires schisteux à Hémicosmites pyriformis, etc., se distingue des autres couches de schistes noirs placés à des niveaux inférieurs, non-seulement par sa position, par sa constance, mais surtout par les boules de calcaire bitumineux ou sphéroïdes d'Anthraconite qu'elle renferme. Ces boules, plus ou moins aplaties, dont le volume varie de quinze centimètres à un mètre, s'y trouvent isolées, ressemblant à des pierres roulées, mais qui sont toujours placées de manière que leur grand axe reste parallèle à la stratification de la couche qui les renferme. Ces couches, riches en fossiles, contiennent plusieurs espèces d'Orthocères, des Cardiola interrupta, des Graptolites, etc. Les schistes eux-mêmes ne contiennent point de fossiles.

Voici les fossiles reconnus par M. de Verneuil :

Scyphocrinites élégans (Zenk.). Graptolites priodon (Bronn).

Cardiola interrupta (Bronn).   Orthoceratites élégans.

Térébratula Sapho (Barr.).

Plusieurs autres espèces d'Orthoceratites et autres fossiles indéterminés.

Cette couche de schistes noirs à boules se change parfois en calcaire bitumineux stratifié, d'une couleur bleue plus ou moins foncée veinée de spath calcaire blanc, affectant toujours une tendance à former des masses sphéroïdales, comme par exemple à gauche en entrant du côté du village de Néffies, dans la Combe d'Izarne, au-dessus de la Roquette, où elle possède une épaisseur de dix à douze mètres, et présente en grande abondance les mêmes fossiles que les boules nous ont déjà fait connaître. Dans d'autres endroits elle se change en une roche schisteuse, d'un gris foncé, sans boules, et contient alors beaucoup d'articulations d'Encrinites, des Orthoceratites, mais sans Cardiola interrupta, ni Graptolites (extrémité est du terrain silurien, vallée de Vailhan, le long

2

de l'amphithéâtre formé par le calcaire sans fossiles, à droite du chemin
qui, de la mine de houille du Bousquet, conduit à Vailhan).

M. Fournet, dans son mémoire déjà souvent cité, fait mention de ces
schistes noirs qui, au reste, se trouvent aussi dans la petite vallée au sud
du Glauzy, où l'on peut voir leur superposition sur les calcaires schisteux
à Hémicosmites, etc. Ces schistes noirs se trouvent encore dans la vallée
à l'ouest du moulin de Faytis, au pied de la butte calcaire dite Roque-
maillière, et le plus fortement développé (dix à douze mètres) près de la
Grange du Pin, située à gauche de la grande route en sortant de Gabian
et en se dirigeant vers Faugères. Les schistes à boules forment un excellent
horizon par leur position qui est, dans l'état normal des choses, immédiatement au-dessous de la corniche produite par le soi-disant calcaire sans
fossiles du plateau de Falgairas (voir la lettre F de la carte). C'est là qu'on
les rencontre sous l'un ou l'autre des trois aspects désignés, plus ou
moins fidèlement, accompagnés du calcaire schisteux à Hémicosmites et
du grès du Glauzy, à partir de l'extrémité est du terrain houiller du bassin
de Roujan jusqu'au village de Laurens. En effet, l'assise de schistes noirs
sert admirablement à faire connaître le calcaire sans fossiles, même dans
les plus petites buttes échappées aux dévastations produites par les roches éruptives entre Vailhan et Gabian, comme par exemple la petite
partie qui se trouve au sud du Glauzy dans le lit de la Peyne, la butte
calcaire contre laquelle est adossé le terrain houiller de Mounio, celles à
l'est et au nord-est de Magrignan (vallée de la Lène), celle de Montconil
au nord de Gabian, et enfin le grand plateau de ce calcaire qui s'étend de
Gabian jusqu'à Laurens (voir la lettre F de la carte).

Dans l'intérêt de la clarté de notre exposition, nous avons à dessein jusqu'à présent évité de parler des massifs calcaires qui se trouvent intercalés
dans les schistes de notre étage n° 3. Ces massifs calcaires, indiqués sur
la carte par la lettre D, sont en concordance avec la stratification de ces
schistes (A de la carte) ; ils affectent tous une forme lenticulaire et ne se
trouvent que dans la partie est des schistes dans lesquels ils forment des

îlots. Ces lentilles isolées commencent déjà à se montrer au nord du pic de Cabrières, peu éloigné du contact de l'étage n° 2 avec l'étage n° 3 ; elles se présentent tantôt en simples lames peu épaisses et sans fossiles, comme on le voit au nord du Mas Pitrous, tantôt en massifs considérables, et elles sont alors très-fossilifères. Comme elles renferment beaucoup d'espèces de polypiers silicifiés, on les a désignés ici sous la dénomination de *calcaire à polypiers siliceux*. Elles se trouvent le mieux développées dans les montagnes de Ballarades, de Rossignole, de Mounio-Cabrières, de Bataille, de Tibéret ; elles forment partout des buttes isolées presque nues, s'élevant à des hauteurs assez considérables au-dessus des schistes qui les enclavent. Ces massifs calcaires se trouvent dans toute la largeur de l'étage n° 3, à l'exception des trois dernières assises, c'est-à-dire celles du grès du Glauzy, du calcaire schisteux à Hémicosmites, et celle des schistes noirs à boules qu'ils n'atteignent pas. Ces massifs calcaires sont généralement bien stratifiés, en bancs dont l'épaisseur varie de dix à quatre-vingts centimètres. La couleur dominante de ces calcaires est gris bleuâtre plus ou moins foncé, souvent veiné de spath calcaire blanc. Ils deviennent quelquefois dolomitiques, prenant une structure subcristalline, une couleur généralement brune que l'on distingue de loin. Ces calcaires perdent alors tous les fossiles, à l'exception des polypiers siliceux. Parfois aussi ils perdent toute stratification apparente et deviennent sablonneux, au point qu'on les exploite comme sable à bâtir (commune de Péret).

La différence peu importante dans la hauteur respective des montagnes calcaires intercalées dans les schistes, l'identité dans la plupart de leurs fossiles, jointe à la circonstance que ces fossiles, d'après les paléontologistes, se trouvent habituellement dans un étage plus élevé que les fossiles qui, jusqu'à présent, se sont rencontrés dans les schistes, et que ces savants reconnaissent comme caractéristiques pour le silurien inférieur, ou l'étage D de M. Barrande, pourrait de prime abord faire naître l'idée que ces montagnes calcaires n'avaient formé dans l'origine qu'un seul et même plateau superposé aux schistes, ce plateau aurait été déchiré par un phénomène quelconque, et les brisures ainsi produites auraient donné lieu à la formation des vallées évidemment produites par des érosions ; mais une étude attentive de ces massifs calcaires, et surtout les passages qu'ils présentent à leur contact avec les schistes, fera bientôt connaître que ces deux roches sont si intimement liées qu'elles ne pourraient être séparées l'une de l'autre. En effet, si l'on examine la montagne de la Bataille, séparée de sa partie orientale par l'étroite combe d'Izarne, qui elle-même doit son origine à une faille, on trouve que cette faille a mis en évidence, sur la paroi droite en descendant, l'alternance des schistes avec diverses lames de calcaires *(planche 1, figure 2)*, où l'on remarque trois lames de calcaire en alternance avec des couches de schiste d'une couleur légèrement verdâtre, dans lesquelles les fossiles sont abondants.

A d'autres endroits s'établit une alternance d'une autre espèce entre les calcaires et les schistes, comme par exemple en sortant de la combe d'Izarne du côté de Cabrières ; la *figure 3* de la *planche 1* donne la coupe de cette dernière localité :

Des alternances de couches calcaires avec des couches schisteuses peuvent être observées aussi dans le ruisseau de la combe de Moule qui, longeant au nord la montagne de la Rossignole, se jette dans la Boyne, près du moulin au-dessous de Cabrières. Enfin, pour enlever le dernier doute qui pourrait encore exister au sujet de l'alternance que les montagnes composées de calcaire à polypiers siliceux font avec les schistes à trilobites, je donne la coupe de la galerie d'écoulement avancée du sud au nord, sur une longueur de 154 mètres, dans le contre-fort schisteux de la montagne de la Rossignole, en vue de couper les filons métallifères renfermés dans les calcaires qui occupent la partie centrale de cette montagne. Cette galerie, commencée dans les schistes, à 40 mètres verticalement au-dessous du contact des schistes avec les calcaires à la surface, a rencontré, chemin faisant, plusieurs gâteaux à trilobites, et n'aurait certes pas pu rencontrer les calcaires s'ils n'eussent pas é::J intercalés.

La *figure* 4 de la *planche* 1 montre la coupe de cette galerie.

Il n'est pas douteux que, si la galerie eut été continuée au travers du massif calcaire, elle n'eût rencontré au nord les schistes à trilobites sur lesquels les calcaires reposent.

Je pourrais multiplier ces citations pour prouver l'intercallation des calcaires dans les schistes.

Les fossiles reconnus dans les gâteaux renfermés dans les schistes sont les suivants, d'après les déterminations qui en ont été faites par M. de Verneuil :

1° Trois espèces d'Asaphus, peut-être quatre espèces ;

2° Placoparia Tournemini ;

3° Graptolites indéterminables ;

4° Orthis indéterminables ;

5° Orthoceralites indéterminables ;

6° Spirorbis indéterminables.

Cette faune a cédé la place aussitôt qu'une sédimentation calcaire a eu lieu à la faune suivante, également déterminée par M. de Verneuil.

1° Cyatophyllum helianthoides. (Goldf.)

2° Cystiphyllum (Philips);

3° Haliolites interstincta (Bronn) ;

4° Chaetetes trigeri (Verne);

5° Stromatropera concentrica (Goldf);

6° Syringopora (Goldf);

7° Terebratula princeps ou subwilsoni (D'Orb);

8° Terebratula reticularis (Schlotheim);

9° Orthis crenistria (Philips);

10° Spirifer, voisin du spirifer speciosus (Bronn);

11° Spirifer, voisin du spirifer Bouchardi ;

12° Capulus, voisin du capulus priscus;

13° Posidonomia Becheri (Bronn),

14° Tentaculites ornatus (Sow);

15° Phacops latifrons (Burmeister);

16° Bronteus palifer (Beyrich);

17° Harpes, Ungula (Burmeister);

18° Trois autres espèces de trilobites indéterminables.

Mais aussitôt que les dépôts schisteux ont recommencé, la faune caractéristique pour ces dépôts qui, au reste, en dehors des localités où les calcaires se sont déposés, n'a pas été interrompue, se présente de nouveau et ainsi alternativement.

La formation des massifs calcaires avec leur faune particulière, ci-dessus indiquée, correspondant à la faune troisième ou au terrain silurien supérieur de M. Barrande, a été, comme nous l'avons déjà dit, précédée et suivie par la formation schisteuse qui sert de receptacle à la faune seconde indiquée plus haut. Cette dernière faune représentant l'étage D établi par M. Barrande pour le terrain silurien inférieur de la Bohême, y a donc ici une contemporanéité évidente entre la faune seconde et troisième des terrains siluriens de notre pays. La coexistence de ces deux faunes paraît constituer ce que M. Barrande a compris sous le nom de colonies, mais il convient de faire remarquer que notre faune troisième ne se présente pas avec ce caractère suspensif qu'elle a dans les colonies en Bohême, c'est-à-dire, comme l'aurore d'un état des choses auquel il manque encore les conditions nécessaires à un développement continu, développement reservé en Bohême pour une époque postérieure, tandis que chez nous, les conditions ont été tellement favorables dès la première apparition des calcaires qui renferment la faune troisième, que cette faune a pu s'établir et prospérer simultanément avec la faune seconde qui est propre aux schistes, et qu'il n'a fallu qu'un changement dans la nature du milieu dans lequel elles ont vécu, pour produire alternativement l'une ou l'autre. Peut-être faut-il attribuer à l'exiguité de la édimentation calcaire le peu de développement des colonies en Bohême,

et à l'abondance des sédiments de carbonate de chaux, le large développe-
des nôtres.

Après cet!e longue digression, retournons au schiste noir à boules, avec
Cardiola interrupta, Graptolites, etc.... Ce schiste est immédiatement
couvert en stratification concordante par le soi-disant calcaire sans fossile
du plateau de Falgairas (F de la carte). Le nom de calcaire sans fossile lui a
été donné à cause de la rareté des fossiles dans l'extrêmité est du plateau
de Falgairas, où ce calcaire, qui est généralement dolomitique, a été
d'abord étudié.

Ce calcaire, déjà décrit par M. Fournet (voir H. 4 du mémoire précité),
forme dans son ensemble deux nappes aujourd'hui séparées, mais n'en
ayant formé dans l'origine qu'une seule. Quoique divisé en deux, ces
nappes prises isolément ne constituent pas moins les masses calcaires les
plus considérables du pays. En effet, elles forment deux grands plateaux,
dont celui situé à l'est, connu sous le nom de Falgairas, supporte, par
parenthèse, au sud, en stratification discordante, le terrain houillier de
la concession du Caylus, en s'étendant vers l'ouest jusqu'à la hauteur
du village de Vailhan il y cesse brusquement en limitant du côté est le
grand évasement qui s'y trouve.

Dans l'espace si horriblement bouleversé entre Vailhan et Gabian existe
encore, comme nous l'avons déjà dit, quelques buttes isolées composées
de calcaire sans fossiles : Ces buttes, dont la plupart renferment des lentilles de quartzite à encrines si caractéristiques pour ces calcaires, relie
le plateau de Falgairas au plateau calcaire qui s'étend de la grange du
Pin près de Gabian jusque près de Laurens, et servent de témoins
irrécusables de la connexion qui, dans l'origine, a existé entre les deux
plateaux (F de la carte).

Le calcaire du plateau de Falgairas possède une structure tantôt sub-
cristaline, tantôt massive ; sa couleur est gris-sale ou légèrement jaunâtre,
rarement on y voit des nuances grises ou bleuâtres (four à chaux de la
Resclause), ces strates ont une épaisseur qui varie de cinq à cinquante

centimètres. Dans la partie est du plateau, le long de la route de grande communication n° 15, entre Néffies et l'entrée de la Combe-d'Izarne, il y a des parties où toute stratification a disparu et d'autres où elle est con-servée. L'inclinaison varie de 20 à 90 degrés. En suivant la grande route de la Combe-d'Izarne vers Néffies, on rencontre près du troisième contour une zône de calcaire dolomitique, d'une couleur grise, en strates bien ré-glées, de 10 à 30 centimètres d'épaisseur : ces strates sont presque ver-ticales, elles sont souvent séparées entr'elles par l'intercalation de petites bandes de quartzites d'une couleur gris-clair, dans lesquels on remarque des traces d'encrines. On y remarque aussi quelquefois, à côté des bandes siliceuses, une couche de schiste rouge, bariolé de vert, qui atteint jusqu'à 15 centimètres d'épaisseur.

Ces bandes de quartzites pénètrent dans les bandes dolomitiques qui leur servent de toit et de mur, de telle manière, qu'elles y forment des angles rentrants et sortants.

Ce calcaire est aussi traversé par une quantité de veines de sulfate de baryte blanche, le plus souvent sans aucune régularité, et présente même quelquefois des taches isolées de différentes grosseurs, mais dont l'épais-seur dépasse rarement 25 centimètres.

La route de grande communication n° 15 a mis à nu un grand nombre de ces veines et taches. J'ai choisi deux points pour en faire le croquis. *(Figure 5, planche 1)*.

Près du contact du calcaire du plateau de Falgairas avec le terrain houiller de la concession du Caylus, on trouve dans ledit calcaire de petites druses remplies de cristaux rhomboëdriques de dolomie nacrée et du sul-fate de baryte cristallisé en lamelles. Ces druses renferment souvent aussi des cristaux de roche limpides et de l'huile de pétrole. Cette dernière s'étant parfois fait envelopper par les couches extérieures de ces cristaux, forme dans leur intérieur des taches noires au jaunes. Si ces druses sont grandes, elles renferment souvent de la baryte sulfatée cristallisée en lames dites crêtes de coq, de plus de trois centimètres de hauteur et autant de largeur.

Le sommet de la montagne qui sépare la Combe-d'Izarne du plateau de Falgairas se trouve formé par un espèce de grès d'une couleur légèrement rougeâtre (lettre G de la carte) ; ce grès forme des lentilles plus ou moins étendues en direction, en général mal stratifiées ; il est souvent changé en quartzites, et s'il ne renfermait pas de fossiles, on pourrait être tenté de prendre certaines parties pour du quartz éruptif, mais il fourmille de fossiles, surtout d'encrinites ; il atteint parfois jusqu'à une quarantaine de mètres d'épaisseur, on le reconnaît de loin à sa couleur rougeâtre et surtout à ses pics échancrés qui dominent la crête de la montagne. Ce grès déjà décrit par M. Fournet (voir H. 1 du mémoire précité), se perd à l'est, tout à fait vers l'extrémité du terrain houiller en y produisant une dentelure remarquable dont la silhouette, vue du côté nord, produit un effet si pittoresque, que nous n'avons pas pu résister d'en donner ci-joint le croquis. *(Figure 5, planche 1)*.

Ce grès suit vers l'ouest presque parallèlement la limite septentrionale du plateau de Falgairas jusqu'à l'ancien chemin des Néffies à Clermont, où il disparaît brusquement ; mais à une distance d'environ 180 mètres au sud du point de disparition, on rencontre une autre lentille de quartzites à encrinite de la même épaisseur que la première, dont elle se distingue cependant par une moindre dureté, des contours plus arrondis et surtout par la circonstance, qu'à mesure qu'elle s'approche de l'évasement de Vailhan, pour contribuer par sa tranche à y former la falaise amphithéâtrale située à l'est de cette localité, des lames calcaires très riches en fossiles surtout en polypiers de diverses espèces, viennent s'intercaler et former des parties isolées dans le grès à encrines, qui ici, par manque de ciment, devient souvent désagrégeable.

Si l'inclinaison des strates qui composent le plateau de Falgairas dans sa partie est est souvent très forte, il n'en est pas de même dans sa partie ouest où cette inclinaison est si faible que non-seulement les trois dernières assises qui, comme nous l'avons dit, couvrent l'étage n° 3, savoir :

1° l'assise du grès du Glauzy ;

2° celle du calcaire schisteux à Hémicosmites, etc.;

3° et celle du schiste noir à boules avec Cardiola interrupta, Graptolites, mais même les schistes à trilobites du troisième étage sur lesquels ces trois assises reposent, tels que nous pouvons les observer presque tout le long de la limite septentrionale du plateau de Falgairas, se présente également au sud de ce plateau, à partir de la grange de Guerrinque, située sur le chemin à voitures qui conduit de la Resclause à la mine de houille du Bousquet, tout le long de l'échancrure qui à l'est borde la vallée de Vailhan. (Lettre E de la carte.)

Ce que nous avons dit au sujet de la faible inclinaison des strates à l'ouest du plateau de Falgairas, s'applique aussi au plateau calcaire qui s'étend de Gabian à Laurens. En effet, au sud de ce plateau se présente, entre le terrain houiller de Sauveplane (lettre L de la carte) et le bord sud du calcaire sans fossiles (voir F), les schistes verdâtres du terrain silurien inférieur, qui ici en partie métamorphosés (voir X) ont empêché une dénudation assez forte pour reconnaître, comme dans la vallée de Vailhan, l'identité des assises schisteuses qui, au nord, s'enfoncent sous ce plateau. Mais si de l'extrémité ouest du terrain houiller de Sauveplane on s'avance vers Laurens en franchissant le Diluvium (voir T) qui couvre momentanément les schistes (voir A) on voit bientôt apparaître dans un affluent du Liberon l'assise caractéristique de schistes noirs à boules avec Cardiola interrupta, Graptolites, etc.... que l'on rencontre au nord du plateau calcaire à partir de la grange du Pin jusqu'à Laurens.

RÉGIME DES SOURCES.

La surface du plateau calcaire sans fossiles de Falgairas à l'est et celle de Gabian à l'ouest étant très-faiblement inclinée et souvent crevassée, les pluies et l'eau provenant de la fonte des neiges qui y tombent, s'infiltrent facilement jusqu'aux schistes qui servent de support à ces calcaires; ne pouvant pénétrer plus bas, ces eaux s'écoulent sur les schistes sous-jacents en produisant des sources qui déposent du tuf au point où elles sourdent au pied de ces grands plateaux calcaires; quelques-unes de ces sources sont très considérables par leur grand débit, comme la Resclause, au sud, et celle qui fait mouvoir le moulin de Tibéret au nord du plateau de Falgairas. La Rusclause de Gabian se trouve dans la même position par rapport au calcaire qui s'étend de cette localité vers Laurens, et comme elle débite seule toute l'eau que ce plateau produit, elle est aussi la plus forte de toutes; aussi fut-elle conduite par les Romains, au moyen d'un aqueduc, dont les vestiges sont encore visibles, pour l'alimentation de la ville de Béziers. Il existe encore plusieurs autres sources autour du plateau de Falgairas, qui, moins fortes que celles déjà indiquées, ne puisent pas moins leur alimentation au réservoir commun : telles sont a source de Fontgrellade et plusieurs autres qui sortent à la base de la falaise, à l'est de Vailhan. (Voir U de la carte.)

En dehors de ces sources permanentes, il y a encore dans les deux plateaux calcaires des sources périodiques que l'on nomme dans le pays *Estavelles*. Ces dernières sources ne coulent qu'à la suite de longues pluies ou de fontes de neiges et paraissent être les trop-pleins des réservoirs souterrains qui alimentent les sources ordinaires. Si le débit de ces dernières n'est plus proportionnel au volume d'eau qui entre dans ses réservoirs, le niveau d'eau de ces derniers doit s'élever et s'écouler par des issues situées plus haut que les écoulements ordinaires en formant ces sources périodiques. La plus forte de ces dernières sources est celle qui sort du calcaire fibreux de la montagne de Cayragnas au point où ce calcaire disparaît brusquement au nord-est de Cabrières. Cette *Estavelle* constitue quelquefois une fontaine de Vaucluse en petit, elle débite un volume d'eau très-considérable, et ce qui est à remarquer, c'est que cette eau a une température plus élevée que celle des autres sources du pays. Cette source est aussi fortement chargée de carbonate de chaux, qu'elle dépose en sortant sous forme de tuf (voir U de la carte). L'effet que la rivière de la Boyne a exercé et continue d'exercer sur la forme de ce dépôt de tuf mérite d'être mentionné ; car on voit ici clairement que cette rivière qui longe ce dépôt l'a empêché de s'étendre et la contraint à former la paroi verticale qui distingue ce dépôt de tuf de tous les autres dépôts du pays.

Après avoir constaté tout ce qui nous a paru offrir de l'intérêt pour la connaissance géologique du soi-disant calcaire sans fossiles, il ne nous reste plus qu'à faire connaître la faune qu'il renferme. Ces fossiles, dont la majeure partie a été récueillie dans le calcaire qui se trouve intercalé dans le grès à Encrines et les calcaires sur lesquels ce grès repose en entrant dans l'évasement de Vailhan, consistent, d'après M. Verneuil, en :

1° Terebratula princeps ou subwilsoni . . . . . (D'Orb.) ;

2° Terebratula reticularis . . . . (Bronn) ;

3° Tereb ratula plicatella . . . . (Morris) ;

4° Leptaena imbrex . . . . (Pander) ;

5° Orthis crenistria . . . . (Phillips) ;

6° Orthis striatula . . . . (D'Orb.) ;

7° Pentamerus galeatus . . . . (Conrad) ;

8° Evomphalus ;

9° Favosites gothlandica ;

10° Favosites Goldfussi ;

11° Chaetetes Trigeri.

Plusieurs autres polypiers indéterminés. Des Spirifères indéterminés abondants surtout dans la butte calcaire contre laquelle est adossée la maison de campagne de Magrignan, dans la vallée de Lène.

Une grande richesse en polypiers et divers autres fossiles se trouvent aussi dans le même calcaire sur la droite du chemin qui conduit de Gabian à Sauveplane, notamment là où les vignes commencent.

Fixation de la limite entre le terrain silurien inférieur et supérieur.

Dans la fixation de la ligne de démarcation entre les divers étages d'un terrain comme le nôtre, dont les strates sont parallèles, la nature des roches, peu différente, et où la plupart des fossiles se trouvent indifféremment dans plusieurs assises simultanément, il existe nécessairement beaucoup d'arbitraire. On pourrait même se demander, en présence du nombre de fossiles communs à deux étages qui se succèdent régulièrement si une séparation peut être justifiée. Mais comme il n'y a plus d'alternance avec le calcaire à polypiers siliceux, à partir de l'apparition du grès du Glauzy et comme aussi les trilobites d'aucune espèce ne franchissent ce niveau, nous prenons ces deux caractères négatifs, dont l'un stratigraphique, et l'autre paléontologique, pour motif d'établir la ligne séparative entre notre silurien inférieur et notre silurien supérieur, ou en d'autres termes, entre notre étage n° 3 et notre étage n° 4, à la base du grès du Glauzy, et nous considérons tous ce qui est placé au-dessus de cette base, y compris le calcaire du plateau de Falgairas comme faisant partie de notre terrain silurien supérieur ou de l'étage n° 4. Cet étage, abstraction faite des trilobites qui n'existent pas chez nous, paraît ressembler à l'étage E de M. Barrande par quelques fossiles, notamment par les Leptaena, Orthis, Térébratula, Pentamerus, et principalement par les schistes noirs à boules avec Cardiola interrupta, Graptolites, etc.

De tout ce que nous venons de dire au sujet de la formation des étages n°s 3 et 4 de notre terrain silurien, il résulte incontestablement que l'énorme épaisseur (6500 m environ) jointe au paralélisme qui existe dans les strates qui composent ces deux étages, ne peut être que l'œuvre d'un laps de temps à la fois long et tranquille. Pendant ce temps, diverses faunes se sont succédées, ont joui d'une vie paisible et n'ont éprouvé d'autres inconvénients que ceux qui leur étaient imposés par la nécessité de la nature. Mais ce long repos devait enfin être troublé, et les dépôts sédimentaires, si tranquillement accumulés, devaient subir des atteintes de phénomènes d'un autre ordre. En effet, ces dépôts furent d'abord affectés du même soulèvement de l'est-nord-est, vers l'ouest-sud-ouest qui détermina l'inclinaison des strates de tous les étages siluriens vers le sud. Ce soulèvement a émergé et changé les étages n° 3 et 4 en une espèce d'archipel dont la forme et l'étendue se reconnaissent encore de nos jours. Ce premier mouvement du sol a été plus tard suivi de plusieurs autres moins généraux qui, agissant dans le même sens que le premier, ont réagi à la fois, et sur les deux étages siluriens, et sur les terrains dévoniens et carbonifères qui, chacun à leur tour, sont venus se grouper, non-seulement autour de cet archipel, mais ont même pénétré jusque dans les anses et les crics des terrains émergés. (Voir lettres I et K de la carte.)

L'intervalle de temps écoulé entre la fin de la formation du quatrième étage de nôtre terrain silurien et le commencement de l'époque dévonienne fut marqué par l'éruption de roches porphyriques, dans l'espace comprise entre Vailhan et Gabian. Cet éruption y détruisit le calcaire du quatrième étage, de telle manière qu'il n'en est resté, en dehors de la petite partie dans le lit de la Peyne au sud des Glauzy, que les buttes dispersées dont il est déjà question plus haut (voir F de la carte). Ces restes échappés à la destruction sont là, nous le répétons, comme témoins irrécusables de la connexion qui, autrefois, existait entre le plateau de Falgairas et celui qui s'étend de Gabian à Laurens. Mais ces destructions ne se sont pas bornées là, elles se sont aussi étendues vers l'est et vers l'ouest où toute la partie au sud du plateau calcaire du 4e étage a été enlevée, et où ce qui en reste a été changé tout le long en une falaise dont l'escarpement à l'est et à l'ouest a été plus ou moins adouci par les terrains plus récents qui s'y sont déposés.

Si nous nous enquérons de la cause qui a pu amener la grande destruction dont il vient d'être question, nous la trouvons dans l'éruption des porphyres verts et rouges (voir lettre V de la carte) dont on peut constater la présence et les effets sur les roches dans la vallée de la Peyne, dans celle de la Tongue et même jusqu'à Sauveplane. Ces roches éruptives se présentent sous forme de sphéroïdes le plus souvent ébrechées. Ces sphéroïdes sont très fissurés et montrent dans leur intérieur une tendance à la structure prismatique si commune à toutes les roches d'une origine ignée. On ne voit nulle part des injections en forme de filon.

Cette roche est généralement composée d'une pâte pétrosilicieuse très compacte qui, fraîchement cassée, possède une couleur vert foncé ; on y reconnaît de petits cristaux de feldspath vitreux et quelque fois de petits prismes d'amphibole noir. Dans le ruisseau de Ribourel qui se jette à l'ouest du grand Glauzy dans la Peyne, la roche, par la retraite des cristaux de feldspath et l'adjonction de petites veinules de quartz devient très tenace et prend un caractère de jade ; il paraît que l'on a même essayé autre fois, à en juger d'après quelques spécimens plus ou moins inachevés, que j'y ai trouvés, d'en fabriquer des Haches dites celtiques. Dans d'autres cas, par la retraite pure et simple des cristaux de feldspath, la roche se change en une espèce de serpentine. On trouve entr'autre une masse de cette dernière roche près de Castel-Sec, immédiatement à gauche de la grande route de Gabian à Faugères.

Ce sont là les traits généraux sous lesquels les roches éruptives, d'une couleur plus ou moins verdâtre, se présentent ici. Par la décomposition, la couleur de la roche devient plus claire, se couvre extérieurement d'un enduit couleur de rouille, et les cristaux de feldspath se changent en kaolin. M. Emilien Dumas, qui a visité notre pays en 1850, a reconnu dans l'aspect de certaines parties de nos roches éruptives beaucoup de ressemblance avec la roche qu'il a trouvée dans les Cévennes et qu'il a décrite sous le nom de *Fraidronite*.

L'influence métamorphique que ces roches plutoniques ont exercé sur les schistes et les grès des deux étages siluriens (3ᵐᵉ et 4ᵐᵉ) avec lesquels elles sont venues plus ou moins en contact, peut bien s'étudier sur plu ·

sieurs points dans la vallée de Vailhan ; mais nulle part cette influence n'est mieux prononcée que sur la rive gauche de la Peyne à partir de l'embouchure de la galerie de Baringue jusqu'au petit Glauzy. En effet, nous trouvons d'abord que la galerie de Baringue a été commencée dans les schistes de l'étage n° 3, immédiatement inférieur au grès du Glauzy. La couleur de ces schistes ordinairement verdâtre est devenue ici, par suite du voisinage des roches éruptives, légèrement jaunâtre. A peu de distance à l'ouest de ladite galerie, se trouve l'assise du grès du Glauzy avec ses fossiles caractéristiques ; ce grès est couvert par l'assise de calcaire schisteux à Hémicosmites, etc., ici réduit simplement à quelques strates de ce calcaire. Il suit ensuite l'assise de schistes noirs à boules avec Cardiola interrupta, Graptolites, etc..., dans laquelle est creusée une petite vallée. Toutes ces assises possèdent une inclinaison assez forte (40 degrés) vers le sud. L'assise des schistes noirs à boules avec ses fossiles caractéristiques s'étendant vers l'ouest, passe la Peyne et se présente sur la rive droite de cette rivière au fond de la petite vallée latérale au-dessous d'un ancien four à chaux ; mais autant que je me souviens, ni le grès du Glauzy, ni le calcaire schisteux à hémicosmites n'accompagnent les schistes noirs à boules sur la rive droite de la Peyne. Il convient de faire remarquer que les trois assises à l'ouest de la galerie de Baringue, dont nous avons donné ci-dessus quelque détails, ne paraissent pas avoir subi de changements métamorphiques sensibles par les roches éruptives, quoiqu'elles les enclavent.

La partie du 4e étage, entre l'endroit désigné sur la rive droite et la rive gauche de la Peyne jusqu'au grand et petit Glauzy, a été comme par un emporte-pièce, agissant verticalement du bas vers le haut, entièrement détruit et remplacé par les schistes en partie métamorphosés du 3e étage silurien, qui, en ce qui concerne la succession, remettent tout dans l'état normal avant que ce qui reste du 4e étage, disparaisse sous les terrains plus jeunes au sud des Glauzy. (Voir coupe ci-jointe, *planche* n° 2 et *figure* n° 4). Mais il n'en est pas de même des schistes qui séparent ces trois assises du petit et du grand Glauzy, où ils reparaissent de nouveau une dernière fois. Quoiqu'on ne voie pas percer dans cette intervalle d'autre roche plutonique, ces schistes n'en sont pas moins profondément bouleversés et altérés, au point que leur couleur, en état normal verdâtre, devient parfois rouge, bleu ou jaunâtre.

Mais de toutes les roches soumises à l'influence du métamorphisme, il n'y en a aucune qui ait été altérée comme le grès des Glauzy. Ce grès se présente sur le flanc méridional de cette montagne avec une couleur brune miroitante; il y est devenu si compact que l'œil nu ne peut discerner aucun grain et il y a acquis une telle dureté qu'il fait feu au choc du briquet. Malgré cette profonde altération, ce grès a conservé sa stratification et ses fossiles. Si l'effet métamorphique parait s'arrêter au petit Glauzy, il se montre bien plus vers le sud, dans le défilé que la Peyne traverse en quittant la vallée de Vailhan, en effet, on y rencontre d'abord un lambeau du terrain houiller suivi du terrain permien qui cache les roches métamorphiques sous-jacentes; mais au sud du moulin de Faytis ces roches reparaissent dans le fond de la vallée et se propagent jusqu'à la faille (voir la carte), qui elle-même, a en juger d'après le brusque redressement des strates permiens, qui la touchent au sud, doit son origine à un mouvement ascendant

En terminant, nous constatons encore que l'action des roches éruptives s'est exercée du nord au sud, que cette action ainsi que les effets métamorphiques qui en ont été la conséquence, sur les roches de leur voisinage, se sont bornés au troisième et quatrième étage de nôtre terrain silurien, et que, ni le second étage de ce terrain, ni les terrains plus récents que le troisième et quatrième étage n'en ont subi nulle part la moindre influence métamophique.

TERRAIN DÉVONIEN.

A la période agitée pendant laquelle se sont produit les effets que nous venons de constater sur les terrains siluriens dans les vallées de Vailhan et de la Tongue et à Sauveplane, a succédé une période calme pendant laquelle la mer Dévonienne avec ses habitants est venue visiter ces contrées et y a laissé des marques de son passage jusque dans les anses et crics de l'archipel antérieurement formé par les terrains siluriens ; mais le niveau de cette mer ne s'est jamais élevé jusqu'au sommet des montagnes émergées. Si le lambeau des terrains dévoniens, directement déposé sur les schistes à trilobites, qui se trouvent près de la campagne de Barthès, dans la vallée de Vailhan, sur la rive droite de la Peyne, n'existait pas, nous n'aurions pu fixer l'époque des éruptions porphyriques avec la précision que nous avons fait connaître, ni pu prouver que la mer dévonienne fut jamais entrée dans la vallée de Vailhan. Au reste, le terrain dévonien de notre pays (voir lettre I de la carte) ne forme que des parties isolées qui, sans doute, dans l'origine, ont communiqué ensemble. Ces parties se trouvent déposées indifféremment tantôt sur les schistes à trilobites, tantôt sur le calcaire, à Polypiers silicieux, intercalé dans ces schistes. Le terrain dévonien ayant subi les mêmes soulèvements particuliers parallèles au soulèvement ENE à OSO auxquels tout notre terrain silurien doit son inclinaison vers le sud, partage avec ce dernier la direction et l'inclinaison, mais l'inclinaison du dévonien est généralement moins forte, à raison du soulèvement antérieur à son dépôt, auquel le terrain sous-jacent avait été seul exposé. Il n'y a qu'une exception à cette règle, qui se trouve dans la montagne de la Bataille où, par un concours de circonstances extraordinaires, le terrain dévonien paraît parallèle au calcaire, à polypiers silicieux, qui, à cet endroit, lui sert de support. L'époque dévonienne ne nous paraît pas avoir eue une longue durée, du moins, à en juger d'après l'épaisseur de ce terrain qui ne dépasse pas 20 mètres, Au reste, nous ne possédons ici que l'étage supérieur du terrain dévonien qui est divisé en deux assises distinctes, L'inférieure, qui possède presque toujours une petite bande de quartz lydien noir (véritable pierre de touche) de quatre à sept centimètres d'épaisseur à sa base (pic de Cabrières, partie orientale de la montagne de la Bataille) n'a que quatre à cinq mètres d'épaisseur, elle est composée de calcaire schisteux d'une couleur noir terne, très bitumineux, qui se délite à l'air. Ce calcaire renferme des rognons assez durs de dix à quinze centimètres de longueur et de cinq à huit centimètres d'épaisseur, qui sont tellement bitumineux que l'odeur du bitume ne se trahit pas seulement par le moindre choc, mais on y voit souvent, dans les cassures fraîches, de petits filets d'un noir éclatant où le bitume s'est isolé. Ce calcaire schisteux, et surtout les rognons qu'il renferme, possèdent un grand nombre de fossiles de diverses espèces dont M. de Verneuil a bien voulu déterminer les suivants :

1° Goniatites retrorsus (Buch et Keys.) ;

2° Goniatites amblylobus (Sandberger) ;

3° Goniatites plate, nouvelle espèce. Elle a quelques rapports aux Goniatites circumflexus (Sandberger) ;

4° Deux espèces de Lunulacardium, voisins des Lunulacardium de Bavière décrits par Münster ;

5° Cardium palmatum, Cardiola retrostriata (Goldf.) ;

6° Cardiola, nouvelle espèce ;

7° Cardiola, voisine de Cardiola interrupta, mais plus petite ;

8° Cardium, voisine de Cardium pectunculoïdes (D'Arch. et Vern.) ;

9° Avicula, nouvelle espèce ;

10° Orthocères très-petites et à carène, autres striées en travers ;

11° Palais de poisson ;

12° Diverses espèces de térébratules, etc.

Parmi les rognons se trouvent aussi, surtout à Tibéret, de petites géodes qui, comme celles que l'on rencontre dans les marnes jurassiques de Meylan près de Grenoble, renferment de petits cristaux de quartz bipyramidés diversement modifiés sur leurs arètes et d'une limpidité parfaite. Ces cristaux se trouvent aussi souvent détachés. M. Descloiseaux, professeur à l'Ecole centrale, qui les a examinés, me dit dans une lettre du 15 novembre 1856, qu'un de ces petits cristaux lui avait offert une face qu'il n'avait encore reconnue à aucun cristal de roche.

C'est aussi dans le calcaire bitumineux que l'on trouve des fossiles pyritisés ou changés en hydroxyde de fer d'une grande netteté et dans un état de conservation parfaite ; on y rencontre également des boules parfaitement rondes de pyrite de fer, et quelquefois dans ces boules des fossiles empâtés (montagne de la Bataille, Tibéret, près de la campagne de Barthès dans la vallée de Vailhan).

Immédiatement au toit de calcaire bitumineux dont nous venons de parler se trouve l'assise supérieure de notre terrain dévonien. Cette assise, d'une épaisseur de 12 à 15 mètres, est formée d'un calcaire compact d'une couleur rouge pâle qui est divisée en strates bien réglés de 4 à 30 centimètres d'épaisseur. Ces strates calcaires, alternant avec de toutes petites couches marneuses d'une couleur gris-verdâtre, sont également très-riches en fossiles, malheureusement le plus souvent sans teste. Ce sont plusieurs espèces de Goniatites distinctes de celles indiquées ci-dessus (il y en a qui ont 15 à 20 centimètres de diamètre), des Cyrtoceras, des Orthocères, des Productus, des Cyathophilum, des articulations d'Encrines et plusieurs autres fossiles dont les espèces n'ont pas encore été déterminées (Pic de Cabrières, montagne du Roc, flan sud de la montagne de la Bataille, Tibéret).

Il convient encore de faire observer que ce qui nous reste de la formation dévonienne, aussi bien que du calcaire carbonifère qui lui a succédé, ne se trouve que sur le troisième et le quatrième étages de notre terrain silurien et que par conséquent les deux étages antérieurs de ce terrain se sont trouvés, à l'époque de la formation dévonienne et carbonifère, dans une position que, ni la mer dévonienne, ni la mer carbonifère, n'ont pu atteindre. Comme les fossiles du terrain dévonien appartiennent pour la plupart à des espèces pélagiennes, et que ceux du calcaire carbonifère indiquent plutôt des espèces littorales, nous croyons que la mer, dans l'intervalle d'une formation à l'autre, s'est affaissée, ou, ce qui revient au même, que la côte s'est élevée ; cette manière de voir nous paraît corroborée par le fait qne le nombre d'endroits, ou le calcaire carbonifère repose directement sur le terrain dévonien, est très-restreint. Quoi qu'il on soit, il nous paraît toujours très-probable que le terrain dévonien ait subi de grandes ablutions avant que le calcaire carbonifère soit venu se déposer.

CALCAIRE CARBONIFÈRE.

Le calcaire carbonifère se présente généralement en massifs isolés de peu d'étendue (voir K de la carte), qui ne sont évidemment que les restes d'un seul et même dépôt originel. Leur épaisseur ne dépasse ici nulle part 30 mètres. La forme de tous ces massifs se ressemble en ce sens que le côté tourné vers le nord est généralement plus escarpé que celui tourné vers le sud. Il n'y a guère que le pic de Cabrières et la butte dite Roc-Maillère, à l'ouest de Faytis, qui font exception à cette règle.

Le calcaire carbonifère, en général mal stratifié, possède une couleur gris bleuâtre veinée de spath calcaire blanc ; il est quelquefois si compact qu'on l'exploite comme marbre (à gauche de la grande route de Gabian à Faugères) ; mais le plus souvent il est extrêmement fissuré et présente même de nombreuses faces de frottement, notamment dans la vallée de Vailhan, où il paraît avoir été exposé aux efforts dynamiques des roches éruptives qui, après leur première apparition, se sont tantôt assoupies, tantôt ranimées.

A la base de ce calcaire on remarque bien souvent une couche marneuse de plusieurs mètres d'épaisseur. Cette couche, d'une couleur gris-noirâtre, d'une cassure inégale et mate, est très-bitumineuse. Par la perte de leur bitume ces marnes changent de couleur et deviennent jaunâtres. C'est principalement dans cette partie marneuse que les fossiles, dont nous donnerons plus loin les noms, abondent. On y remarque aussi, quoique plus rarement, des concentrations dans lesquelles le calcaire prend une couleur gris clair et une structure oolitique que M. Fournet a déjà fait connaître dans un mémoire communiqué à l'Académie de Lyon dans la séance du 20 décembre 1853.

Il n'existe quelquefois du terrain carbonifère que la partie marneuse, tout le reste a disparu. Comme cette partie se trouve presque toujours déposée directement sur les chistes siluriens, elle peut être confondue d'autant plus facilement avec ces schistes qu'elle est inclinée dans le même sens qu'eux, et que sa couleur ne diffère pas beaucoup de celle de certaines parties des schistes siluriens, surtout si les marnes et les schistes sont altérés par l'influence des agents atmosphériques. Mais comme les marnes carbonifères sont rarement sans fossiles, et qu'un essai avec un acide quelconque est facile, on a l'un ou l'autre moyen pour s'éclairer dans des cas douteux (Vallée de Vailhan, vallée de Lène, entre la maison de campagne de Mounio et Vallousière, masure les Jessels et champs avoisinants, près de Laurens).

Le calcaire carbonifère porte rarement, à sa partie supérieure, un grès ; mais, s'il en existe, les grains de ce grès sont d'une grosseur moyenne, d'une couleur légèrement jaunâtre, stratifiés en couches réglées de 5 à 8 centimètres d'épaisseur, mais de fort peu d'étendue en direction. Ce grès que l'on rencontre à droite en entrant du côté de Néffies, dans la combe d'Izarne, contient plusieurs empreintes de plantes, entr'autres des Calamites, Knorria imbricata, Stigmaria Ficoïdes, Lépidodendron Dichotomum, qui toutes sont caractérisques pour le terrain houiller proprement dit avec lequel notre calcaire carbonifère paraît cependant n'avoir aucune connexion directe en ce sens qu'il ne le touche nulle part.

Avant de faire connaître, d'après M. de Verneuil, les noms des fossiles de notre calcaire carbonifère, je ferai encore observer, que la direction générale de ce calcaire de l'est à l'ouest, et son inclinaison vers le sud, tendait à faire admettre qu'il a obéi à un soulèvement particulier dont la direction a été parallèle aux soulèvements qui avaient déjà affecté antérieurement les terrains plus anciens; aussi peut-on remarquer que l'inclinaison générale du calcaire carbonifère est bien moins forte que celle des formations plus anciennes.

Voici maintenant la liste des fossiles reconnus dans notre calcaire carbonifère :

1° Productus giganteus (Martin) ;
2° Productus edelbergensis:
3° Productus latissimus (Sow.) ,
4° Productus cora (d'Orb.) ;
5° Productus semireticulatus (Fleming) ;
6° Productus voisin du productus plicatilis ;
7° Spirifer integricosta ;
8° Spirifer lineatus ;
9° Evomphalus acutus (Sow.) ;
10° Caninia gigantesque, voisine de la caninia gigantea (Mich.) ;
11° Lithostrotion floriforme (Fleming) ;
12° Lithodendron fasciculatum (Goldfuss.) ;
13° Bellerophon biulcus ;
14° Bellerophon voisin du bellerophonurii (Sow.) ;
15° Petite pleurotomaria ;
16° Baguettes de cidaris ;
17° Têtes et articulations de plusieurs espèces d'Encrines ;
      etc., etc.

TERRAIN HOUILLER

En suivant l'ordre de la succession des divers terrains dont nous avons fait connaître la puissance, la composition, etc., nous sommes arrivés à la formation du terrain houiller proprement dit. Ce terrain, nous le répétons, n'a ici, à aucun endroit, une connexion visible avec le calcaire carbonifère qui, partout ailleurs où ces terrains se trouvent développés, lui sert de support.

Le terrain houiller, connu sous le nom de bassin de Roujan, a une étendue longitudinale d'environ 12 kilomètres. Il forme une bande dont la largeur et l'épaisseur connues sont très inégales.

Si l'épaisseur s'élève à Roc-Nègre (localité située à 500 mètres, à l'est du puits de la Providence) où le terrain houiller paraît le mieux développé, à 110 mètres environ, cette puissance est beaucoup moindre dans la partie qui a été exploitée dans la vallée de Vailhan et plus vers l'ouest à Sauveplane. A ces deux dernières localités toute la partie inférieure du terrain houiller n'est connue que par quelques lambeaux du grès particulier qui caractérise cette partie et dont nous parlerons plus loin. Ces lambeaux de grès se trouvent notamment dans le chemin qui conduit de la mine du Bousquet à Vailhan. On trouve ce grès aussi à la base des deux lambeaux du terrain houiller de Mounio, mais partout, sans être accompagné comme il l'est à l'est, dans la montagne du Caylus, d'une couche de houille.

Le terrain houiller généralement dirigé de l'est à l'ouest, et inclinant vers le sud, s'appuie à l'est du bassin directement en stratification discordante sur le calcaire sans fossile du plateau de Falgairas; il suit le bord sud de ce calcaire jusqu'à 589 mètres à l'ouest de la Resclause, où les schistes noirs à boules avec cardiola interrupta, graptolites, etc., qui supportent le calcaire de ce plateau, commencent à paraître. A partir de ce point qui coïncide avec l'oblitération de la partie inférieure du terrain houiller, la partie supérieure qui en reste, repose partout où il affleure sur les schistes siluriens intacts ou métamorphiques et en suit exactement les contours. Dans l'inflection que le terrain houiller présente, entre la partie occidentale du Bousquet et celle de la localité dite — *La Coste* — où sa direction est de l'est à l'ouest et son inclinaison vers le sud, se trouve la partie A B (voir *planche 1, fig.* 7), où la direction est du sud au nord et l'inclinaison vers l'est.

Le terrain houiller, entourant au sud le cap Silurien formé par la montagne du Glauzy, a pris, à l'ouest de ce cap, le même niveau qu'il avait à l'est, avant de faire l'inflexion dont nous venons de parler. En effet nous remarquons que le lambeau du terrain houiller immédiatement situé à l'est de la butte calcaire sans fossiles de Magrignane se trouve dans l'alignement du terrain houiller du Bousquet (Voir la carte). Mais ce lambeau houiller, dans l'origine, caché sous les terrains recouvrants a été ici plus grand qu'il n'est aujourd'hui, et tout porte à faire admettre que le second lambeau houiller, situé à environ 700 mètres plus au nord, ne formait dans l'origine qu'un seul massif avec le premier, dont il a été détaché, soulevé et transporté là où nous le voyons par un mouvement des roches érruptives (voir coupe *fig.* 3, *planche* 2). L'époque de ce mouvement paraît coïncider avec celle où ces roches se sont ranimées la dernière fois dans toute cette contrée (Voir les failles tracées sur la carte).

Le lambeau du terrain houiller situé le plus au nord, a seul été autrefois l'objet d'une exploitation aussi irrégulière que les couches de houille dans lesquelles elle a eu lieu. Quoique les roches eruptives aient joué un rôle visible dans la montagne de Mounio, M. Fournet et moi nous n'avons, pas plus ici que partout ailleurs, dans le bassin houiller de Roujan, pu constater une influence métamorphique quelconque sur le terrain houiller, d'où il résulte indubitablement que les roches éruptives étaient entièrement figées au contact du terrain houiller lorsqu'elles ont produit l'effet dont nous avons parlé plus haut.

Le terrain houiller du bassin de Roujan est couvert en stratification concordante par le nouveau grès rouge (New-Red Sandston), le terrain Permien, le Trias et le Lias. Comme M. Fournet a déjà communiqué de minutieux détails sur ces terrains recouvrants, dans son ouvrage intitulé « *De l'extension des terrains houillers,* » etc., page 106, et dans l'appendice du même ouvrage, page 69 et suivantes, nous n'avons pas à nous en occuper. Toutefois nous avons à ajouter à ces détails, que les terrains postérieurs ou houillers ont, dans l'origine, entièrement caché ce dernier, comme ils le cachent encore dans les vallées de Lène et de la Tongue, près de Gabian.

Avant de faire connaître les causes qui ont mis au jour les affleurements du terrain houiller, nous avons à dire quelques mots sur les accidents qui ont contribué à donner, aussi bien au houiller qu'aux divers terrains re- couvrants, leur inclinaison vers le sud. Ces accidents sont de deux espèces. On reconnaît d'abord l'effet d'une tardive et dernière répétition du soulè- vement E-N-E à O-S-O, qui a imprimé au contrefort formé de tous les terrains parallèles entr'eux qui, au sud, limitent le terrain Silurien, le relief actuel, en donnant en même temps aux strates de ces terrains une inclinaison générale de 30 à 32 degrés vers le sud. Il n'y a que la partie de ces terrains qui se trouve dans la vallée de Lène et de la Tongue, n'in- clinant ici que 10 à 12 degrés, qui fait exception de cette généralité (Voir page 86 de l'ouvrage précité de M. Fournet).

En dehors du soulèvement général dont nous venons de parler, le terrain houiller de la partie est du bassin qui, comme nous l'avons déjà dit, re- pose directement sur le calcaire du plateau de Falgairas, paraît avoir été soumis à un soulèvement particulier qui n'a exercé aucune influence sur le reste du bassin houiller. Ce dernier soulèvement, dû à une cause par- ticulière qui nous paraît avoir une connexion évidente avec l'éruption de Baryte, dont nous parlerons plus loin, a non-seulement contribué à met- tre au jour l'affleurement du terrain houiller, mais a amené aussi une augmentation dans l'inclinaison des strates de tous les terrains qui en ont été affectés. L'effet de cet accident est indiqué au sud du terrain houiller par une ligne courbe assez régulière (une espèce de charnière, voir la carte) que l'on reconnaît facilement à la surface. Au nord de cette charnière, l'inclinaison des strates varie de 45 à 70 degrés et atteint même, à quelques endroits, jusqu'à 90 degrés (côté gauche en montant dans la gorge de la Resclause), tandis que l'inclinaison des strates, au sud de ce pli varie entre 30 et 32 degrés.

Cette diminution, dans l'angle de l'inclinaison des couches, n'a pas lieu peu à-peu, mais brusquement sur toute l'étendue du parcours de ce pli, qui commence à l'extrémité est du terrain houillier de la concession de Caylus, s'étend jusqu'à la distance de 80 mètres, au sud du puits de la Providence, se jette plus vers l'ouest au contact des marnes bleuâtres, gypseuses décrites sous le n° 5, page 74 de l'ouvrage de M. Fournet, suit la direction de ces marnes en longeant au sud les chemins de Charrettes, de Neffies à la mine du Caylus, jusqu'à 250 mètres à l'ouest de la galerie de Lauras, coupe obliquement ce chemin en se dirigeant vers le nord-ouest, passe, après avoir traversé le conglomérat siliceux, dans la petite gorge de Trinegan, reparaît dans l'ancien chemin de Néffies, à la Resclause, précisément dans le mur de la couche de schistes rouge-foncé avec lames d'un beau vert (n° 5, page 79 de l'ouvrage de M. Fournet), passe ensuite de ce point dans la direction du pont qui se trouve au grand contour de la route de grand communication n° 15, traversant environ 550 mètres à l'est du descendant sainte Barbe le chemin de Charrette, de la Resclause à la mine du Bousquet, et se perd au contact du bord sud du calcaire du plateau de Falgairas (Voir la carte).

Si, comme nous l'avons dit plus haut, la mise au jour de l'affleurement du terrain houiller de la partie est du bassin est dû à l'effet produit par le soulèvement particulier dont nous venons de parler, il n'en est pas de même de celle des affleurements de ce terrain qui se trouvent au centre dans la vallée de Vailhan et plus loin vers l'ouest à Sauveplane. Un seul coup d'œil jeté sur ces deux localités fera immédiatement comprendre que la mise en évidence de l'affleurement du terrain houiller est ici dûe à un simple effet d'érosion qui, en creusant les vallées au fond desquelles l'affleurement se trouve, l'a fait apparaître.

Il ne nous reste plus qu'à dire quelques mots sur la composition du terrain houiller du bassin de Roujan. — Ce terrain peut se diviser en deux étages distincts, un supérieur et un inférieur. La partie supérieure, qui a une épaisseur de 50 métres environ, est composée d'une alternance de schistes argileux, de grès schisteux et de bancs de grès à grains fins ; elle renferme quatre couches de houille qui, toutes, ont été plus ou moins exploitées au centre, dans la vallée de Vailhan et à l'extrémité ouest du bassin, à Sauveplane. L'épaisseur de ces couches varie de 50 centimètres à 1 mètre 30 centimètres. En dehors des quatre couches de houille on rencontre aussi dans cet étage, principalement dans les couches de schistes argileux, des rognons de fer carbonaté lithoïde isolés, ou les uns placés à la suite des autres. Ces rognons forment de petites lames dont l'épaisseur varie de 4 à 12 centimètres, mais dont l'étendue est très restreinte.

Dans le voisinage des couches de houille on trouve souvent beaucoup d'empreintes de végétaux dont M. Fournet a donné la liste dans son mémoire publié dans les bulletins de la Société géologique de France, 2e serie, tom VIII, pages 44 et suiv.

L'étage inférieur qui, nous le répétons encore, n'est connu au complet que dans la partie est du bassin, y a une épaisseur de 60 mètres environ, il est composé d'une puissante assise d'un grès particulier à noyau siliceux que l'on distingue facilement du grès de l'étage supérieur. Le grès de l'étage inférieur que l'on a assimilé à tort au Millstone-Grit des anglais, atteint seul une épaisseur de 44 mètres. Divisé en bancs épais il supporte à sa partie supérieure, où il est généralement composé de grains plus fins entremêlés de micas blancs, l'étage supérieur qui n'existe ici que dans un état rudimentaire ; car les couches de houille propres à cet étage, qui au centre et à l'extrémité ouest du bassin ont été exploitées, ne sont représentées dans cette station que par de faibles couches de schiste noir avec du charbon à rognon et une grande accumulation d'empreintes végétales.

Enfin la puissante masse de grès inférieur repose sur une couche de schiste argileux d'une couleur gris bleuâtre de 5 à 6 mètres d'épaisseur dans laquelle se trouve la seule couche de houille que cet étage renferme. Cette couche, si elle est bien développée, a une épaisseur de 2 m. 75 et est composée, à partir du toit, de la manière suivante :

1° 0^m 60 charbon ;

2° 0^m 15 schistes jaunâtres que les mineurs nomment *corps de veine* ;

3° 1^m 00 charbon ;

4° 0^m 05 schiste noir ;

5° 0^m 95 charbon.

Total, 2^m 75.

On ne trouve que très peu de fer carbonaté lithoïde et d'empreintes de plantes dans l'étage inférieur dont, au reste, M. Fournet a aussi communiqué la liste dans son mémoire précité.

Au dessous de la couche de schiste gris bleuâtre, qui termine vers le bas le terrain houiller, se trouve encore une assise de schistes argileux d'une couleur rouge quelquefois bariolés de taches blanches. Ce dernier schiste qui n'existe qu'à partir de l'extrémité est du terrain houiller de la concession du Caylus, jusqu'a 300 mètres à l'ouest du puits de la Providence, atteint à l'endroit dit *Roc-Nègre* une épaisseur de 10 à 12 mètres.

Ce schiste rouge est placé entre le calcaire sans fossiles, dont il nivelle les inégalités, et le terrain houiller. Comme l'affleurement des schistes rouges a été corrodé par les eaux des pluies, etc., qui, en y creusant un petit ravin, ont fait du grès houiller une espèce de corniche assez élevée pour que l'on puisse la voir et la distinguer de loin. Enfin ce schiste argileux rouge renferme dans toute son étendue, mais surtout vers sa base, des sécrétions siliceuses d'une forme amygdaloïde, dont une qui a une trentaine de mètres de longueur et de 4 à 6 mètres d'épaisseur, se montre au jour et forme une saillie de quelques mètres au-dessus du sol. L'extrémité est de cette sécrétion est composée d'un véritable quartzite, tandis que l'extrémité ouest n'est formée que d'un grès d'une couleur rose pâle ou jaune dans lequel se trouve des globules ferrugineux de la grosseur d'un petit pois qui donne à ce grès un air variolaire (Voir lettre H de la carte).

M. Emilien Dumas qui, comme on le sait, s'est beaucoup occupé de l'étude des terrains houillers du midi de la France, a aussi visité, en 1850, le bassin de Roujan ; il y a reconnu que l'étage inférieur, caractérisé par le grès à noyaux siliceux, n'est représenté dans aucun autre bassin du midi de la France ; mais il a assimilé notre étage supérieur à l'étage moyen du bassin houiller d'Alais, à raison de l'identité d'un grand nombre d'empreintes végétales, et spécialement de Nœggerathia foliosa (Sternberg), qui, à Alais, comme à Roujan, sont abondantes, Pour résumer ce que nous avons dit relativement à la succession des divers terrains, nous renvoyons à la coupe générale (*planche II, fig. 1.*)

FAILLES ET LEUR ANCIENNETÉ RÉCIPROQUE

Si l'on classe les failles, qui affectent visiblement les divers terrains qui sont superposés sur le terrain silurien, d'après l'ordre chronologique de leur formation, on aura :

1° La faille de la Resclause. Cette faille a été formée à la fin de l'époque Permienne ; cette assertion résulte du fait qu'elle ne traverse pas le conglomérat siliceux, que l'on a considéré comme limite entre le terrain Permien et le Trias, qui lui succède, mais qu'elle est antérieure à la formation du pli, ou charnière, dans les terrains supra houillers dont nous avons parlé, par la raison que ce pli traverse ledit conglomérat. Enfin, on remarque, en étudiant le haut de la gorge formée par la Resclause à l'est et à l'ouest de la masse de tuf qui s'y trouve, que la couche de houille de l'étage inférieur qui, à l'est, a été exploité jnsqu'au dessus de la grande route est restée à l'ouest masquée sous le terrain Permien (l'étage supérieur du houiller et le grès rouge manquent ici) et ne commence à reparaître qu'à 250 mètres à l'ouest de la Resclause, à l'endroit dit *Pioche-Clergue*. Pour compléter l'effet produit par la faille de la Resclause, nous ajoutons encore, qu'il résulte d'une levée de plan faite dans cette localité, qu'il existe, entre l'affleurement du banc de conglomérat calcaire représenté ici par un banc de dolomie jaune situé à l'ouest, du côté de l'ancien four à chaux, une différence de niveau, opérée par la faille, de 23 m. 48, et une distance horizontale, entre les deux bouts séparés l'un de l'autre, de 82 mètres (voir la coupe *planche* 1, *fig.* 8).

Cette faille, traversant au nord le plateau calcaire de Falgairas, est très probablement la cause déterminante de l'existence de la Resclause, au sud, et de la grande source de Tibéret, au nord de ce plateau.

2o Les failles de Faytis et de Gabian (voir la carte) sont bien plus récentes que celle de la Resclause ; car elles ont déplacé le conglomérat siliceux, le Trias et même le Lias, mais n'ont pas dérangé les marnes Supraliasiques de Fouzilhon (R de la carte). L'effet produit par la quatrième faille qui, à environ 300 mètres au sud du moulin de Faytis, traverse la Peyne, de l'est à l'ouest, et relie la faille de Faytis avec celle de Gabian, sans traverser ni l'une ni l'autre, paraît marquer le dernier mouvement des roches éruptives de la vallée de Vailhan. La position fortement redressée des strates Permiens qui, au sud de la faille sont adossés contre elle, indique clairement que le mouvement fut ascendant, même si l'on fait abstraction du fait que l'assise du conglomérat calcaire qui, près de la faille, repose directement sur le terrain silurien en état métamorphique a été soulevé d'une grande profondeur pour reparaître à la surface et y former le plateau connu sous le nom de *Grange-Rouge*. En effet, ce conglomérat se trouve dans son état normal en entrant du côté nord, dans le défilé de Faytis, où il est régulièrement développé et où les strates qui le

composent inclinent sous un angle de 30 degrés vers le sud. En suppo-
sant que cette inclinaison se soit maintenue jusqu'à la faille, on trouve
en combinant la distance qui existe entre les deux points avec l'inclinaison, que la partie du conglomérat, au point où elle touche la faille, a été
arrachée de celle restée en place, d'une profondeur verticale de
300 mètres.

Comme la quatrième faille dout nous nous occupons ne traverse ni la
faille de Gabian ni celle de Faytis, il est évident qu'elle est d'une époque
postérieure à la formation des deux autres. Ces dernières, convergeant
vers la butte composée de calcaire carbonifère connue sous le nom de
Roc-Maillière, se joignent à l'est de cette butte, pour n'en former qu'une
seule. En prolongeant par la pensée la direction de cette faille à partir du
point de jonction, plus vers le nord, on est porté à admettre qu'elle n'est
peut-être pas étrangère au déplacement remarquable qu'a subi le grand
filon de quartz au nord de Vailhan, déplacement sur lequel nous reviendrons plus tard,

La fontaine de pétrole, près de Gabian, et les diverses fontaines dites
de santé, comme celle de Saint-Majan, près de Roujan, celle non loin de
la campagne Montels, près de Fouzilhon, qui, toutes, sourdent dans le
voisinage des failles, doivent à ces dernières, comme l'a déjà fait remarquer M. de Fournet, leur origine et leur continuité.

Si l'époque de la formation des failles dont nous venons de parler, a
pu être fixée d'après l'ancienneté des roches qui en ont été traversées, il
n'en est pas de même de la faille n° 5 qui, en divisant la montagne de la
Bataille en deux parties presque égales, a donné lieu à la formation de la
couche d'Izarne. Cette faille n'affecte, par suite de sa position au milieu des terrains Paléozoïques, aucun terrain plus récent que le dévonien
qu'elle coupe et rejette avec le calcaire à polypiers siliceux, sur lequel il
repose ici. C'est donc après le dépôt de la formation du terrain dévonien
et avant celui du calcaire carbonifère que nous fixons l'époque de la formation de la faille de la combe d'Izarne. Il est vrai qu'il existe, à la partie

supérieure et inférieure où la Combe s'élargit, plusieurs petits massifs de calcaire carbonifère, mais il n'en existe aucun dans le goulot ou la partie étroite de la combe; ce fait nous met dans l'alternative d'admettre, ou que la combe elle-même n'existait pas encore à l'époque du dépôt carbonifère, ou que la partie de ce terrain qui y a été déposée a été emportée par les érosions qui ont creusé la dite combe. En admettant l'un on l'autre cas, la formation de la faille ne remonte pas moins à l'époque que nous lui avons assignée plus haut et représente (soit dit en passant) le plus ancien effet de ce genre dans le pays. Je m'abstiens de parler des failles qui ont affecté les couches de houille, de même que les autres divers dérangements que l'exploitation de ces couches a révélé, parce qu'ils ne sont pas visibles à la surface et n'auraient d'intérêt que pour les mineurs.

BASALTES

Les balsates de ce pays ne diffèrent pas d'une manière notable des roches analogues des autres pays. A ce que M. Fournet en a communiqué dans son mémoire plusieurs fois cité (Bulletins de la Société Géologique 2e série Tom VIII), j'ajoute seulement que le basalte de ce pays est généralement riche en péridot qui s'y trouve sous forme de rognons. Il est riche aussi en oxydule de fer, agite violemment l'aiguille aimantée, et les mieux fondus de ces basaltes, la font tourner complètement. Dans les basaltes du grand plateau entre Néffies et Fontès, qui au reste, paraissent les mieux fondus du pays, on trouve aussi de la Hyalite mamelonnée; cette substance qui y a été le premier observée par M. Fournet, tapisse non-seulement les fissures des retraits, mais se trouve aussi dans les cavités des déchirements, où elle a dû se former par un isolement de la silice, effectué pendant que la roche possédait encore une certaine liquidité et était encore coulante; car on y voit au sud du plateau des coulées tellement étirées en filaments, qu'elles ressemblent à de certains laitiers des haut-fournaux.

Je n'ai reconnu la zéolithe que dans l'éruption basaltique qui existe dans la montagne de Mounio Cabrières. Le basalte a été ici violemment injecté dans le calcaire dévonien. Voici ce que je trouve dans une de mes notes à ce sujet. Le calcaire gris dolomitique devient jaunâtre dans le voisinage immédiat de la roche éruptive, et se trouve dans un état brisé en petites parcelles qui sont mélangées de débris de schistes introduits par l'injection, et dont la couleur est devenue gris-clair. Le basalte lui-même forme filon, il ne perce pas la crête de la butte calcaire dans laquelle il s'est introduit, et s'arrête à environ un mètre et demi avant d'y arriver. Il est compact vers les bords et poreux vers le milieu, surtout là, où son épaisseur dépasse dix centimètres. La plus grande épaisseur est de 40 centimètres. Les alvéoles qui se trouvent dans ce basalte sont remplies de zéolithe; on voit aussi dans la pâte de petites parties de péridot. Ce basalte est fortement magnétique. Dans l'intérieur de la grotte formée dans le calcaire, grotte qui, soit dit en passant, sert en été d'étable aux brebis et dont je donne le plan (*planche 1, fig.* 9). On voit encore plusieurs branches de basalte qui sortent du sol de la grotte et se réunissent en forme de coupole à deux mètres et demi, à trois mètres de hauteur.

Avant d'arriver à la grotte du côté du nord, on remarque dans le calcaire une injection de basalte qui présente la forme dont le croquis est représenté (*planche 1, fig.* 10).

Le basalte (lettre Y de la carte) se trouve ici dans tous les terrains indistinctement, à partir du second étage silurien près Sauvadou jusque dans le terrain tertiaire de la plaine du Languedoc. En dehors des injections sous forme de filon dont nous venons de parler, il affecte partout ailleurs la forme de nappes ou de buttes. Les nappes dont la grandeur varie sont toujours horizontales. Les buttes ont une forme ellipsoïde dont le grand axe varie de 20 à 40 mètres. Les quatres buttes isolées situées à l'est du puits de la Providence font partie de la dernière classe. Quelques-unes de ces buttes se sont conservées entières ; d'autres sont ébréchées et montrent alors des couches concentriques de 0,10 à 0,30 centimètres d'épaisseur qui se sont formées par le refroidissement autour d'un noyau central. — Il est probable que chacune de ces buttes isolées possède un canal d'émission particulier et que tous ces canaux vont aboutir vers le bas à un foyer commun. Tout porte à croire que les canaux par lesquels le basalte a été pressé vers la surface sont relativement étroits, et que la partie sortie à la surface s'est d'abord gonflée comme un ballon et lorsqu'il y a eu trop de matière, les buttes ont crevé et il y a eu épanchement ou formation de nappes. Ces nappes ont pu être formées par plusieurs point d'émission, simultanément ou successivement en activité. — Au reste, en examinant avec quelque attention les bords du grand plateau de basalte situé entre Néffies et Fontès, on y remarque encore quelques-unes de ces buttes, qui, quoique engagées dans la nappe, n'ont pas entièrement perdu leur forme ellipsoïde.

On trouve en général dans le basalte de ce pays peu de fragments des roches qu'il a dû traverser ; cependant dans la nappe de Fontès on remarque quelques fragments de grès et de schiste dans un état altéré. — Il convient encore de faire observer que nos basaltes n'ont nulle part exercé une action soulevante sur la stratification des rochers sédimentaires qu'il ont traversés. Ce fait corrobore notre supposition énoncée plus haut, qu'ils ne sont jamais épanchés en grandes masses et que tous les plateaux basaltiques, quelle que soit leur étendue, ne se sont formés que par la coopération d'un grand nombre de points d'émission.

En terminant je dois encore ajouter à ce qui précède, que quelques-unes des nappes basaltiques, comme celle de Cassan et surtout celle placée entre Péret et Lieuran-Cabrières présentent à leur base du basalte tuffassé. A en juger, d'après leur structure, le degré de leur magnétisme, le changement de couleur qu'ils ont fait subir aux roches avec lesquelles ils sont venus en contact, on ne peut douter que leur état initial fut une fusion plus ou moins complète ; car si la structure des uns comme ceux de Fontès est homogène et compacte, dans celle de Sauvadon elle est raboteuse et montre des points gris blanchâtres, qui auraient sans doute disparu dans la masse, si la température eût été plus élevée ; aussi remarque-t-on que la propriété magnétique du basalte des diverses nappes est très différente ; si elle est très-grande dans les uns elle est faible dans d'autres et nulle ou presque nulle dans un troisième, mais en général elle paraît en rapport avec l'état plus ou moins parfait de fusion qu'ils ont subi.

ÉRUPTIONS SILICEUSES

Depuis 1834, époque à laquelle M. Fournet, dans son ouvrage . « *Etude sur les dépôts métallifères,* » page 79 et suivantes, a fixé l'attention sur l'influence que les roches éruptives d'une contrée ont exercé sur la formation des filons métallifères qui s'y trouvent, on a étudié cette question dans divers pays et la connexion signalée par M. Fournet a été généralement reconnue. M. Grüner, ingénieur en chef des mines, a lu à la Société d'agriculture d'histoire naturelle et arts utiles de Lyon, dans la séance du 23 novembre 1855 un mémoire intitulé : « Essai d'une classification des principaux filons du plateau central de la France » ou fait l'énumération:

1° Du type des filons formés sous l'influence du granit éruptif ;

2° De ceux, liés aux pegmatites ;

3° De ceux, formés sous l'influence du porphyre granitoïde ;

4° Du type de ceux formés sous l'influence du porphyre quartzifère ;

5° Du type des filons formés sous l'influence des eurites, ou argilophires quartzifères.

6° Enfin du type des filons formés sous l'influence du soulèvement du Morvan, et il ajoute page 99 ce qui suit:

« Si nous cherchons à résumer la série de faits que nous venons de
« rapporter et les principales conséquences qui semblent en découler,
« nous signalerons d'abord le lien qui rattache les filons métallifères aux
« roches éruptives ; liaison déjà mentionnée par divers géologues. Si, se-
« lon l'expression heureuse de M. de Humboldt, certains minéraux ap-
« partiennent spécialement à la pénombre du granit et des roches granit-
« oïdes ; si des mélaphyres des Alpes, ainsi que le remarque de Buch
« sont généralement accompagnés d'une auréole de filons, si, etc., on
« pourra aussi conclure de nos observations que chaque roche éruptive
« semble être accompagnée d'une pénombre ou auréole spéciale de filons,
« etc..... »

Dans le même sens, M. le baron de Beust, capitaine général des mines
Oberberghauptmann) du royaume de la Saxe, a publié en 1856 une brochure sous le titre : « Sur les faisceaux de filons métallifères (Erzgangzüge)
« dans l'Erzgebirge saxon et leur relation avec les faisceaux de porphyre
« qui s'y trouvent. » Dans cette brochure il a démontré qu'il existe dans
'Erzgebirge saxon et les pays voisins quatre différents axes de soulèvement qui ont exercé sur la structure des montagnes de ces pays, une influence décisive en traçant les directions générales des champs de frac-
ure, directions qui ont été presque parallèlement suivies par sept différents faisceaux de porphyre (porphyrzüge) et finalement, que les faisceaux des principaux filons métallifères (Haupterzgang-züge) ont à leur
tour exactement suivi les traces faites par les porphyrzüge. Pour ne pas
trop nous écarter de notre but, nous ne pouvons suivre M. de Beust dans les
intéressants détails qu'il produit à l'appui de sa théorie ; ils nous suffit
d'avoir constaté que les hommes les plus marquants dans la science et
dans la pratique sont unanimement d'accord pour attribuer aux roches
éruptives d'une contrée, une influence désormais incontestée sur la formation des filons métallifères qui s'y trouvent.

Au surplus, pour prouver l'universalité de la connexion dont il s'agit,
nous ne pouvons mieux faire que de nous référer à l'excellent ouvrage

« *la Géologie appliquée* » de M. le professeur Burat, première partie, 3ᵉ
édition, chapitre IX. L'auteur a cité dans ce chapitre un si grand nombre
de faits constatés dans les différents districts métallifères de l'Europe, de
l'Amérique et de l'Afrique que la connexion réelle qui existe entre les
roches éruptives et les gîtes métallifères d'une même contrée ne permet-
tent plus le moindre doute.

Si, en partant de ce point de vue, nous cherchons à envisager les divers
filons de la contrée que nous étudions, nous trouvons d'abord que la
direction générale du principal filon de quartz est E.-N.-E. à O.-S.-O. et
coïncide avec celle du terrain silurien dans lequel il se trouve.

Ce filon longe la partie méridionale d'un chaînon de montagnes dont le
point de départ est aux environs de St-Pons et dont l'extrémité-est s'a-
baisse à mesure qu'elle s'approche de la vallée de l'Hérault. Dans son
étendue longitudinale jusqu'à Roquessels il ne se montre au jour que çà
et là, et a donné lieu en deux endroits, à Riols près de St-Ponset à Cabrerolles, à quelques travaux de recherche ; mais comme il n'a pour nous de
l'intérêt, que du moment où il prend une invidualité constante et qu'i.
rentre dans la région qui fait spécialement l'objet de nos études, notre
notice ne traitera avec quelques détails que de la partie est de ce gîte.

Ce n'est qu'à partir de 500 mètres à l'ouest du village de Roquessels
(voir la carte) où, soit dit en passant, les ruines d'un château seigneurial
se trouvent sur le filon de quartz même, que nous ne le perdons pas de
vue, jusqu'à son morcellement complet à l'est de Cabrières. En effet, il
se prolonge en ligne droite de Roquessels vers l'est en inclinant toujours
sous un angle de 50 à 60 degrés vers le sud ; traverse au nord du village
de Vailhan, la vallée de la Peyne, subit à 125 mètres à l'est de cette
rivière un déplacement très-curieux dont nous parlerons plus loin, et continue ensuite presque sans aucune interruption jusqu'au delà de Cabrières,
où il se divise en plusieurs branches avant de se dérober à la vue dans la
vallée de Figaret. Ce grand filon est visible sur tout son parcours par la
crête de 3 à 10 mètres de hauteur qu'il forme au-dessus du sol et qui

ressemble, vue de loin, à des ruines d'une clôture d'un immense parc.
Son épaisseur est rarement au-dessous de 3 mètres, mais il prend souvent, en se divisant en plusieurs branches, un développement de 20 à 30
mètres. Il est composé de quartz laiteux, et, abstraction faite de quelques
rares traces de cuivre pyriteux et de fer, il est entièrement stérile. Ce filon
empâte quelquefois beaucoup de fragments schisteux, plus ou moins dur-
cis par des imbibitions de silice qui est entrée aussi dans les schistes qui
servent au filon de toit et de mur, et que l'on ne voit nulle part plus
clairement, que là où il traverse la vallée de la Peyne près de Vailhan.

Avant de donner quelques détails sur les filons métallifères qui,
comme nous croyons, se sont formés sous l'influence du grand filon de
quartz dont nous venons de parler, nous avons d'abord à examiner la
question de savoir sous l'influence de quelle roche éruptive ce grand
filon lui-même s'est formé.

Par l'étude des roches éruptives dans la vallée de Vailhan, nous
connaissons les effets métamorphiques que ces derniers ont produit sur
les terrains formés par sédimentation avec lesquels elles sont venues en
contact, et nous savons que ces effets ont été essentiellement locaux ;
par ces motifs, nous rejetons toute idée tendant à leur attribuer une
influence directe sur la formation du grand filon de quartz en question ;
mais nous verrons bientôt que ces roches éruptives, ou plutôt un des
effets produits par elles, ont exercé indirectement une influence perturbatrice, non pas, nous le répétons, sur la formation dudit filon, mais
seulement sur sa direction. Quant à sa formation, elle ne peut, à notre
avis, que se rattacher à quelque tardive éruption de roche plutonique
dans les environs de St-Pons ; peut-être à celle qui constitue la montagne
de Sommaille ?

Quoi qu'il en soit, il est indubitable que le grand filon de quartz forme
un faisceau qui, ici, a joué le même rôle par rapport au filon métallifère
de Cabrières, que les faisceaux de Porphyre ont joué, d'après les observations de M. le baron de Beust, sur le filon métallifère de l'Erzgebirge Saxon.

Nous avons déjà donné à entendre lorsque nous avons décrit la grande faille de Gabian, évidemment produite par les roches éruptives de la vallée de Vailhan, que cette faille paraissait avoir exercé une influence perturbatrice sur la direction du grand filon de quartz au nord de Vailhan: à ce sujet nous ferons d'abord observer que le déplacement horizontal d'environ 800 mètres que le filon a subi ne peut pas être dû à un simple rejet opéré par une faille, attendu qu'une rupture accompagnée d'un transport aussi considérable, non pas du filon seulement, mais de toute la partie de la montagne qui se trouve au toit de ce filon et qui nécessairement aurait dû subir le même rejet que lui, n'a pu avoir lieu sans porter une telle perturbation dans le dépôt originaire des roches de ce quartier, que ni le temps ni aucun autre accident postérieurement survenu n'aurait pu l'effacer. Comme en examinant la localité on ne reconnaît pas la moindre perturbation, nous sommes forcés de chercher une explication plus conforme aux faits qui ont concouru à la production du phénomène si remarquable qui nous occupe. Cette explication serait facile s'il était permis d'assimiler l'accident que nous avons sous les yeux à la classe de ceux que l'on observe quelquefois dans les exploitations de filons métallifères, surtout dans les gîtes qui traversent plus ou moins obliquement des terrains dont les strates possèdent une puissance, une composition et une dureté inégale. Dans ce cas il arrive que les gîtes se trouvent brusquement arrêtés par un massif de roches dures qu'ils n'ont pu entamer et les mineurs disent alors que les filons ont été coupés. Dans d'autres cas, si les gîtes viennent heurter contre un massif de roches trop résistantes pour continuer leur formation en ligne droite, ils ne s'arrêtent pas comme dans le premier cas, mais ils quittent leur direction en sautant par dessus l'obstacle et reprennent leur direction et leur allure ordinaire à une distance plus ou moins grande du point de leur interruption.

Des exemples de ce genre d'accident se trouvent dans les filons du pays de Siegen (Prusse) où ils sont occasionnés par de gros bancs de

Grauwacke; on en trouve aussi dans les filons de la mine des Chalanches près d'Allemont (Isère), où ils ont été causés par des bancs de gneiss.

Mais l'accident qui se présente dans le grand filon de quartz, au nord de Vailhan, ne peut pas faire partie de la catégorie de ceux dont nous venons de rappeler le caractère essentiel; car ce gîte qui se trouve parallèlement encaissé dans le terrain silurien, dont les strates sont peu variées par rapport aux éléments minéralogiques qui les composent, occupe une position qui ne permet pas de l'assimiler à celle des gîtes dont nous avons précédemment parlé.

Si l'accident qui nous occupe ne peut être attribué ni à une faille à cause de la régularité de la stratification dans le quartier, où le filon seul se trouve dérangé; ni à un saut occasionné, comme dans les gîtes du pays de Siegen et de la mine des Chalanches, par la manière d'être des filons relativement à la stratification de la roche encaissante jointe à l'inégalité de la composition de cette roche: il ne reste plus pour expliquer l'accident, que de le rattacher à une cause particulière qui a précédé la formation du filon lui-même. — En repassant les divers accidents que les exploitations des gîtes métallifères ont fait connaître, nous n'en trouvons aucun qui ressemble autant à l'accident qui a opéré le déplacement du filon de quartz près de Vailhan que les perturbations produites dans les gîtes métallifères des mines du Hartz par les soi-disant Rouschels.

Les Rouschels sont de puissantes fentes entièrement remplies avec des matières argileuses. Ces fentes étant plus anciennes que les filons métallifères, ne sont jamais traversées par ces derniers, lesquels, en cas de rencontre avec elles, quittent leur direction, les franchissent en sautant sur le côté opposé et continuent leur développement à une distance plus ou moins considérable du point de leur interruption.

Si l'on compare la manière d'être du déplacement du filon de quartz au nord de Vailhan avec celle que les Rouschels ont exercé sur les gîtes métallifères des mines du Hartz, on reconnaît une analogie frappante, à condition que l'on admette l'intervention d'un Rouschel; aussi n'hésitons-nous pas de faire jouer ce rôle à la grande faille de Gabian. En effet, la direction générale de cette faille prolongée vers le nord tombe presque exactement dans la direction de la séparation du filon en deux parties distinctes (voir la carte), et cette coïncidence donne à l'intervention supposée de ladite faille dans le déplacement du filon, un haut degré de probabilité. — Mais comme ladite faille, agissant ici comme Rouschel, a produit, au nord près de Vailhan, sur le terrain de cette localité, un tout autre effet qu'elle a produit au sud, près de Gabian, en agissant comme faille proprement dite sur les terrains supra-houillers qu'elle y a évidemment traversés et rejetés, nous croyons être autorisé à conclure :

1° Que la faille de Gabian n'a d'abord produit, dans le terrain silurien au nord de Vailhan qui encaisse le filon, qu'une large fente aujourd'hui entièrement comblée, laquelle, à l'instar des Rouschels des mines du Hartz, n'a opéré aucun désordre sensible dans la stratification ;

2° Que le déplacement qui se trouve dans le filon est inhérent à la ormation de ce gîte et a été provoqué par le Rouschel produisant ic . un effet semblable à celui qu'elles ont produit dans les filons des mines du Hartz.

Voilà donc un double effet produit par une seule et même faille qui, s'il est permis de s'exprimer ainsi, a agi au sud sur les terrains supra-houillers d'une manière active comme faille postérieurement formée ces terrains, et qui, au contraire, au nord a agi sur le filon de quartz d ur. manière passive comme Rouschel antérieurement formé a ce gîte.

FILONS MÉTALLIFÈRES DE CABRIÈRES

Nous avons déjà dit que les gîtes métallifères de Cabriéres ont été formés sous l'influence du grand filon de quartz stérile, auquel nous avons attribué un effet sur les gîtes de Cabrières, comme celui que les faisceaux de porphyre ont exercé sur les filons métalliques des environs de Freiberg en Saxe. En effet, nous avons fait remarquer que le grand filon de quartz a présenté à divers endroits de son parcours, notamment à Riols, à Cabrerolles et enfin à Cabrières, des minerais qui, aux deux premiers endroits, ont donné lieu à des travaux de recherche, et qui au dernier, comme nous le dirons plus loin, ont été l'objet d'une exploitation considérable.

Les minerais dont nous venons de parler sont d'une autre nature que ceux dont le grand filon montre quelquefois des traces et sont aussi toujours accompagnés de certaines espèces de gangues également inconnues dans la composition ordinaire de ce filon. A ces détails il convient encore d'ajouter que les parties métallifères se trouvent dans des branches situées tantôt au toit, tantôt au mur du grand filon. De cet état de choses il est permis de conclure que les parties métallifères constituent des gîtes spéciaux qui ont été formés à une époque postérieure à ce grand filon et en ont suivi en général la trace.

Les filons métallifères de Cabrières ont été presque tous exploités à une époque dont le souvenir était entièrement effacé. En 1849, ces gîtes ont été découverts par l'auteur de cette notice. Ces filons se trouvent à droite et à gauche de l'extrémité est du grand filon de quartz, dans trois quartiers différents, savoir : celui de la montagne de la Rossignole, celui dit Pioche-Ferruge et celui de la montagne de Ballarades. Ces filons ne se sont montrés productifs que dans les calcaires à polypiers siliceux et dans ceux du terrain dévonien. Ils sillonnent ces calcaires, les uns, de l'ouest à l'est avec inclinaison vers le sud comme, par exemple, le puissant filon anciennement exploité vers la crête de la montagne de a Rossignole (Voir le plan ci-joint) ; les autres, qui ne sont peut-être que des branches latérales du premier, du nord au sud en inclinant vers l'est, comme, par exemple, ceux rencontrés avec la galerie d'écoulement faite en 1854-1855 (voir le plan), et ceux également autrefois exploités au pied de la montagne de la Rossignole, près du moulin Vailhé. Dans les deux autres quartiers les filons qu'on y a exploités possèdent une orientation intermédiaire entre celles indiquées ci-dessus comme, par exemple, ceux de Pioche-Ferruge et ceux de la montagne des Ballarades (Voir au reste, à ce sujet, le plan ci-joint où les travaux de mine anciennement exploités ont été marqués par de petits *O* ou ⊂⊃ dont l'alignement indique la direction des gîtes exploités.

Les filons métallifères de Cabrières se distinguent du grand filon de quartz stérile non-seulement par leur allure, mais aussi par leur composition. En effet, ils sont composés de quartz blanc compact, de quartz blanc saccharoïde, de quartz saccharoïde couleur rouge pâle, de quartz hyalin cristallisé. A ces gangues siliceuses sont associés : du spath calcaire ferro-magnésifère qui, d'après une analyse faite par M. Gueymard, ingénieur en chef, directeur des mines à Grenoble, est composée de

11,0 peroxide de fer.

8,5 carbonate de magnésie,

77,0 carbonate de chaux,

2,0 silice,

1,5 perte et acide carbonique,
_____

100,0
_____

du spath ferro-manganésifère qui en se décomposant forme une terre noirâtre. Il contient encore de la chaux carbonatée métastatique variété communément nommée dent de cochon), dont les pyramides pentago-nales se présentent moulées dans le quartz compact, circonstance qui corrobore l'opinion émise par M Fournet au sujet de la surfusion de la silice.

On trouve aussi dans quelques-uns de ces filons irrégulièrement associés aux gangues que nous venons de nommer, de la baryte sulfatée, blanche ou légèrement rose. Des traces de cette matière se montrent même quelquefois dans l'intérieur des cristaux de quartz où elles produisent un effet nuageux. Dans d'autres cas, la baryte porte clairement l'empreinte des cristaux de quartz ; deux faits qui militent également en faveur de l'opinion de M. Fournet à l'égard de la propriété de la silice.

A ces diverses gangues, qui se trouvent rarement toutes ensemble dans un seul et même gîte, sont associés, tantôt sous une forme de lames massives placées parallèlement aux épontes, tantôt irrégulièrement imprégnés dans les gangues mêmes :

1° Du cuivre oxydulé,

2° Du cuivre gris,

3° Du cuivre pyriteux,

4° Du cuivre carbonaté vert et bleu provenant sans doute de la décomposition des minerais déjà nommés.

Dans quelques-uns de ces filons, on rencontre aussi quelques traces de galène, de blende et de bournonite.

Tous ces minerais, dont le cuivre gris est le plus abondant, sont plus ou moins argentifères.

Dans l'intérieur des parties riches de ces filons on rencontre quelquefois des druses plus ou moins grandes dont les parois sont tapissées de très-grands et magnifiques cristaux de cuivre gris, dont le volume et la singulière troncature des arêtes a provoqué l'admiration de tous les minéralogistes et des cristallographes qui les ont vues.

Enfin les gisements se présentent tantôt comme de véritables filons avec une direction et une inclinaison régulière, tantôt, et surtout sur les points où plusieurs branches (gangtrümer) se réunissent, ils affectent plutôt l'allure des amas verticaux (stehende-stocke). Leur épaisseur varie de 0,10 à plusieurs mètres. On peut encore entrer dans quelques-unes des anciennes exploitations souterraines toutes faites en descendant à partir des affleurements dans la pente des gîtes, et se convaincre par l'aspect des lieux, non-seulement que toutes ces grandes excavations, dont les parois sont encore en partie enduites avec des carbonates de cuivre, ont été uniquement pratiquées à l'aide du pic, de la pointerole et du coin dont les empreintes sont encore visibles, et on peut se former aussi une idée de la quantité de minerais qui y ont été exploités.

A l'époque de la découverte de ces anciennes mines (1849) ces excavations souterraines étaient considérées par les habitants du pays comme des grottes naturelles qui n'étaient visitées que par les amateurs de cristaux de roche et de diverses concrétions de carbonate de chaux qui y abondent. Mais en examinant ces excavations avec attention, le mineur ne peut pas se défendre d'admirer la vigueur, la persévérance et l'habileté de ses anciens confrères, surtout s'il ne perd pas de vue que tous ces travaux ont été exécutés sans le secours de la poudre, sans galerie d'écoulement et sans autre engins élévatoires pour maîtriser les eaux d'infiltration, que la force des bras des ouvriers.

Les minerais des filons de Cabrières ont été analysés par plusieurs chimistes, entre autres par M. Chancel professeur à la faculté des sciences à Montpellier et par M. Gueymard.

M. Chancel en analysant un échantillon de cuivre gris et de cuivre carbonaté a trouvé dans 10 grammes de minerais, 23,2 pour cent de cuivre et 58 milligrammes d'argent soit 580 grammes d'argent dans 100 kilogrammes de minerais. Et M. Gueymard en essayant divers échantillons de cuivre gris mélangé de cuivre pyriteux a trouvé en moyenne pour 10 grammes de minerais, 34,33 pour cent de cuivre et 35 miligrammes d'argent, soit 350 grammes d'argent par 100 kilogrammes de minerais.

En terminant j'ai encore à faire observer que les minerais anciennement exploités dans les mines de Cabrières paraissent avoir été fondus sur place et quoique toute trace d'ancien fourneau y ait disparu, nous ne sommes pas moins autorisé de croire à l'existence d'un ancien établissement métallurgique dans ce pays; car nous possédons une masse de forme ovoïde composée de minerais imparfaitement fondus, presque à l'état métallique, qui paraît provenir du sol d'un fourneau.

Cette masse qui pèse 17 kilogrammes a été trouvée dans un champ près de Cabrières. — Nous possédons également une matte de cuivre provenant du même endroit, à laquelle adhère encore une petite couche de plomb métallique qui prouve indubitablement que la désargentation des minerais de cuivre argentifère avait déjà lieu à l'époque reculée de l'exploitation de ces mines, au moyen de plomb, comme cela se pratique encore de nos jours.

ERUPTIONS BARYTIQUES.

Après avoir constaté les faits géologiques qui ont attiré notre attention pendant l'étude des terrains paléozoïques des environs de Néffies, Cabrières, etc., et après avoir tiré quelques conséquences qui, à notre avis, découlent de ces faits ; le moment est venu de dire aussi quelques mots sur la présence de la baryte sulfatée dans les terrains qui en ont été pénétrés et d'essayer de fixer l'époque de l'émission de cette matière filonienne.

Nous rapportant à ce que nous en avons déjà dit, nous allons énumérer tous les terrains dans lesquels la baryte a été observée et indiquer avec la manière d'être qu'elle y affecte, les divers autres minéraux qui lui sont parfois associés.

La baryte se trouve :

A. En petites veines et en rognons irrégulièrement dispersés dans le conglomérat siliceux près de Trinegan sur la rive gauche de la gorge formée par la Resclause.

B. En filons de, 0,01 à 0,12 centimètres d'épaisseur, associée à du spath calcaire blanc, du spath calcaire ferro-magnésifère, quartz blanc, des traces de pyrite cuivreuse et de fer dans les serrements qui se rencontrent dans la couche de houille de la mine du Caylus.

C. 1° En vénules qui tantôt suivent la direction du calcaire du plateau de Falgairas, tantôt la traversent en reliant ensemble des renflements plus ou moins volumineux, le long de la route de grande communication n° 15 (voir le croquis que nous en avons donné (planche 1, fig. 5).

2° En druses isolées alignées suivant la direction d'une fente avec de la dolomie nacrée cristallisée et des cristaux de roche renfermant du pétrole, près du contract du calcaire de Falgairas avec le terrain houiller de la concession du Caylus.

D. 3° En filons de 0,02 à 0,10 centimètres d'épaisseur, dans quelques-unes des fentes qui se trouvent dans le massif de quartzite à Encrines de l'extrémité-est du plateau calcaire de Falgairas dont nous avons également donné un croquis.

E. En veines irrégulières dans le calcaire à polypiers siliceux que l'on rencontre à gauche du sentier, qui, en quittant la grande route au premier contour avant d'arriver à la maison dite La Roquette, conduit dans la Combe d'Izarne.

F. Enfin, comme nous l'avons déjà fait remarquer, dans quelques-uns des filons métallifères de Cabrières.

Si les allures diverses sous lesquelles la baryte se rencontre dans les terrains où nous venons de constater sa présence, autorise à penser que la composition hétérogène de ces terrains y a contribué, elle n'autorise pas moins à admettre que cette matière est d'une vaporisation relativement facile, et qu'elle a subi une forte pression pour entrer et se condenser aussi bien dans des fissures à peine visibles que dans des crevasses e t des filons d'une certaine épaisseur.

L'association de la baryte aux autres minéraux indiqués plus haut, et dont plusieurs sont identiques à ceux reconnus dans les filons de Cabrières, prouve évidemment, que l'ensemble de l'apparition de la baryte de ce pays doit être rapporté à la formation de ces filons, leur être synchroniques et constituer le phénomène connu sous le nom de « *filons éparpillés* » (Zerschlagene gänge).

Si, en partant de ce point de vue, nous cherchons à étendre les notions que l'étude des filons de Cabrières nous a procurées, sur les accidents qui, au sud de ces filons ont disloqué les terrains, liés à ces gîtes par un lien commun barytique que nous avons fait ressortir plus haut, nous trouvons :

1° Que le soulèvement particulier qui, comme il a été constaté dans les détails donnés sur le terrain houiller, a augmenté la pente des strates dans le quartier de la mine du Caylus, y a formé la charnière que nous avons décrite et y a produit des dérangements qui forment de vrais filons, dans la composition desquels la baryte, etc., sont entrés.

2° Que le bouleversement dans la stratification et les diverses fissures remplies de baryte dans le calcaire de la partie orientale du plateau de Falgairas etc, etc., date de la même époque, et doit être considéré comme des expressions différentes d'un seul et même phénomène. Or, comme la formation de la baryte est contemporaine à celle des filons de Cabrières et que ces derniers, ainsi que nous croyons l'avoir prouvé, sont d'une formation postérieure au terrain Liasique, il s'en suit naturellement que l'émission de baryte et tous les accidents qui s'y rattachent, sont d'une date postérieure au dépôt de ce dernier terrain. Si nous cherchons à relier la formation des filons de Cabrières avec leurs satellites barytiques, à celle des gîtes métallifères d'autres contrées sans nous préoccuper de la nature des roches éruptives auxquelles se rattachent les uns et les autres, en nous basant uniquement sur la loi de la paragénèse des minéraux (*zusammenvorkommen der Minéralien*), nous trouvons d'abord que les filons de Milhau et de Villefranche dans le département de l'Aveyron, décrits par M. Fournet: que les apparitions filoniennes dans les Arkoses des environs d'Avallon décrits par M. de Beust dans son examen critique de la théorie des filons de Werner: que les filons plombifères du Grand-Clos près La Grave (Hautes-Alpes): que les filons cobaltifères de la mine des Chalanches, ceux de fer spathique d'Allevard etc., en font partie, et qu'en général l'époque de cette formation a été une des plus fertiles en productions métallifères.

Enfin M. le professeur Breithaupt, cite dans son ouvrage intitulé : « Paragenesis » un grand nombre de gîtes métallifères de cette époque situés dans tous les pays et il y comprend entre autres, la célèbre formation de Halsbrück près de Freiberg, connue dans la classification des filons de l'Erzgebirge Saxon faite par M. Müller sous la dénomination de formation : Plombo-Barytique :

5

Les filons de cette époque se rencontrent indifféremment dans tous les terrains jusqu'au lias et remontent souvent plus haut encore. Ils se présentent dans l'Erzgebirge Saxon comme les plus récents. Ils traversent tous les autres, montrent même quelquefois leurs minéraux carastéristiques dans des druses qui se trouvent dans le corps d'autres filons plus anciens, et constituent alors ce que Freiesleben a compris sous le nom de « formations sporadiques ».

Il ne nous reste plus pour terminer notre notice qu'à dire quelques mots sur l'exhaussement du pic de Cabrières, indiquer les causes qui ont contribué à la production de ce phénomène et fixer l'époque relative de cet événement.

Avant de faire connaître notre opinion à ce sujet, nous croyons utile de faire remarquer:

1° Que les strates qui composent la partie supérièure du pic de Cabrières, inclinent sous un angle d'environ 25° vers le N.-O.

2° Que ceux qui composent la montagne des Ballarades, inclinent au contraire sous un angle de 30° vers le S.-E.

Il résulte de cette disposition qu'il est éminemment probable que ces deux montagnes n'en ont formé qu'une seule avant qu'elles fussent séparées par le Vallat-Grand, qui constitue, sans contredit, une véritable vallée de soulèvement (*Erhebungsthal*). (Voir la coupe n° 2, *planche* 2).

Si dans tous les soulèvements qui ont successivement affecté des terrains qui composent la partie montagneuse située au Sud de Cabrières, la direction de E.-N.-E. à O.-S.-O. parallèle à celle de la montagne Noire, domine, il n'en est pas de même pour les terrains situés au nord et au nord-est de cette localité, c'est-à-dire, qui forment le pic de Cabrières et la montagne des Ballarades. En effet, il suffit de jeter un seul coup-d'œil sur la carte géologique pour se convaincre qu'un autre soulèvement dirigé de N.-N.-E. à S.-S.-O. y a exercé une influence décisive en imprimant au terrain de cette région une direction oblique par rapport à l'allure de ces mêmes terrains situés en dehors de ce quartier. Cette obliquité serait-elle due au prolongement vers le S.-S.-O. de l'axe de la montagne de la Séranne? Toujours est-il que cet axe se dirige en ligne droite des environs de Ganges jusque dans les terrains paléozoïques situés au Nord-Est de Cabrières et y produit, avant de perdre son caractère disloquant, vers le confluant du ruisseau du Vallat-Grand avec la Boyne, le bombement remarquable en forme de selle dont la ligne anticlinale, se trouve plus près de la paroi escarpée du pic, que du côté des Ballarades.

Les terrains situés au nord et au nord-est de Cabrières portent encore, d'après une communication inédite de M. Fournet, l'empreinte d'une autre soulèvement courant du nord-ouest au sud est. En partant du point de vue qu'un soulèvement est presque toujours la cause première du *divortia aquarum*, ce géologue avait vu des traces de ce soulèvement d'abord dans le cours de la Boyne entre Valmascle, Cabrières et Casouls, puis dans les allures de la Dourbie à Nébian et dans quelques autres vallons subordonnés.

Cet axe nord-ouest prolongé vers le Rouergue passe, d'après M. Fournet, au milieu des filons plombifères de Villefranche qui, orientés dans le même sens que ceux du bord de la Boyne et leur ressemblant aussi par rapport à l'association des minerais et des gangues qu'ils renferment, possèdent par conséquent des caractères essentiels, qui, d'après l'état actuel de la science autorisent à envisager les gîtes de ces deux localités comme formés dans une même époque géologique, bien que la direction des soulèvements auxquels ces gîtes obéissent soit différente. Mais nous ne nions pas qu'un enrichissement en minerais des filons de Cabrières qui nous le rappelons, dépend d'un soulèvement de E.-N.-E. à O.-S.-O. ait pu résulter, au point de leur entrecroisement, avec le soulèvement N.-O. à S.-E. auquel sont soumis les filons de Villefranche. Quoi qu'il en soit, comme ni le gauchissement accusé dans la stratification des terrains paléozoïques du Nord et du N.-E de Cabrières, ni l'exhaussement du pic de Cabrières ne peuvent, à notre avis, être attribués au soulèvement N.-O. à S.-E., nous persistons à admettre que ces deux faits si remarquables et uniques dans la stratificatio des terrains de la contrée ne peuvent dépendre que du soulèvement N.-N.-E. à S.-S.-O. ou en d'autres termes, que du prolongement de l'axe de la montagne de la Séranne dont il est question plus haut.

Comme ce dernier soulèvement, d'après la carte, jointe à la description géologique des environs de Montpellier, par M. le professeur de Rouville, paraît avoir affecté des terrains plus récents que le lias, nous nous croyons autorisés à admettre que les bouleversements qui ont imprimé au pic de Cabrières et à la montagne des Ballarades leur relief actuel, font partie des dernières convulsions qui ont affecté les terrains paléozoïques qui se trouvent à l'ouest de Montpellier.

GRAFF.

L Secrétaire Général,

F. GABUT.

FIN

Lyon. — Imp. Storck, rue de l'Hôtel-de-Ville, 78.

Coupe du nord au sud du terrain silurien inférieur, passant par St Gervais, Hérépian.

Figure 1.

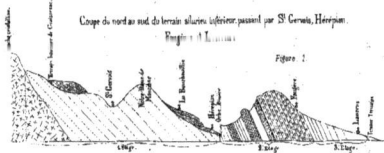

Figure 5.

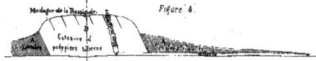
Figure 4.

Figure 9.

Plan de la Grotte.

Figure 10.

Croquis d'une injection de Basalte dans le calcaire.

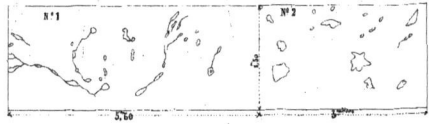

N°1   N°2

Figure 6.

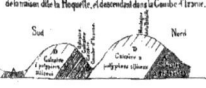
Figure 2.

Coupe prise à environ 300 m du dernier endroit de la route venant de la maison dite la Roquette, et descendant dans la Combe d'Izarne.

Sud   Nord

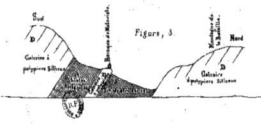
Figure 3.

Sud   Nord

Calcaire à polypiers siliceux   Calcaire à polypiers siliceux

Figure 7.

Ouest   Est.

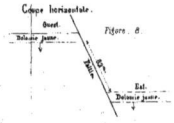
Coupe horizontale.

Figure 8.

Ouest   Est.

Coupe générale des divers terrains qui se trouvent entre le village de Fontès et le pic de Cabrières.

N.º 1.

Coupe d'après la ligne A.B. de la carte géologique. N.º 2.

Coupe du sud au nord, passant par la montagne du petit Glauzy et l'embouchure de la galerie de Baringue.

N.º 4.

Coupe du nord au sud passant par les deux lambeaux du terrain houiller de Moomio. N.º 3.

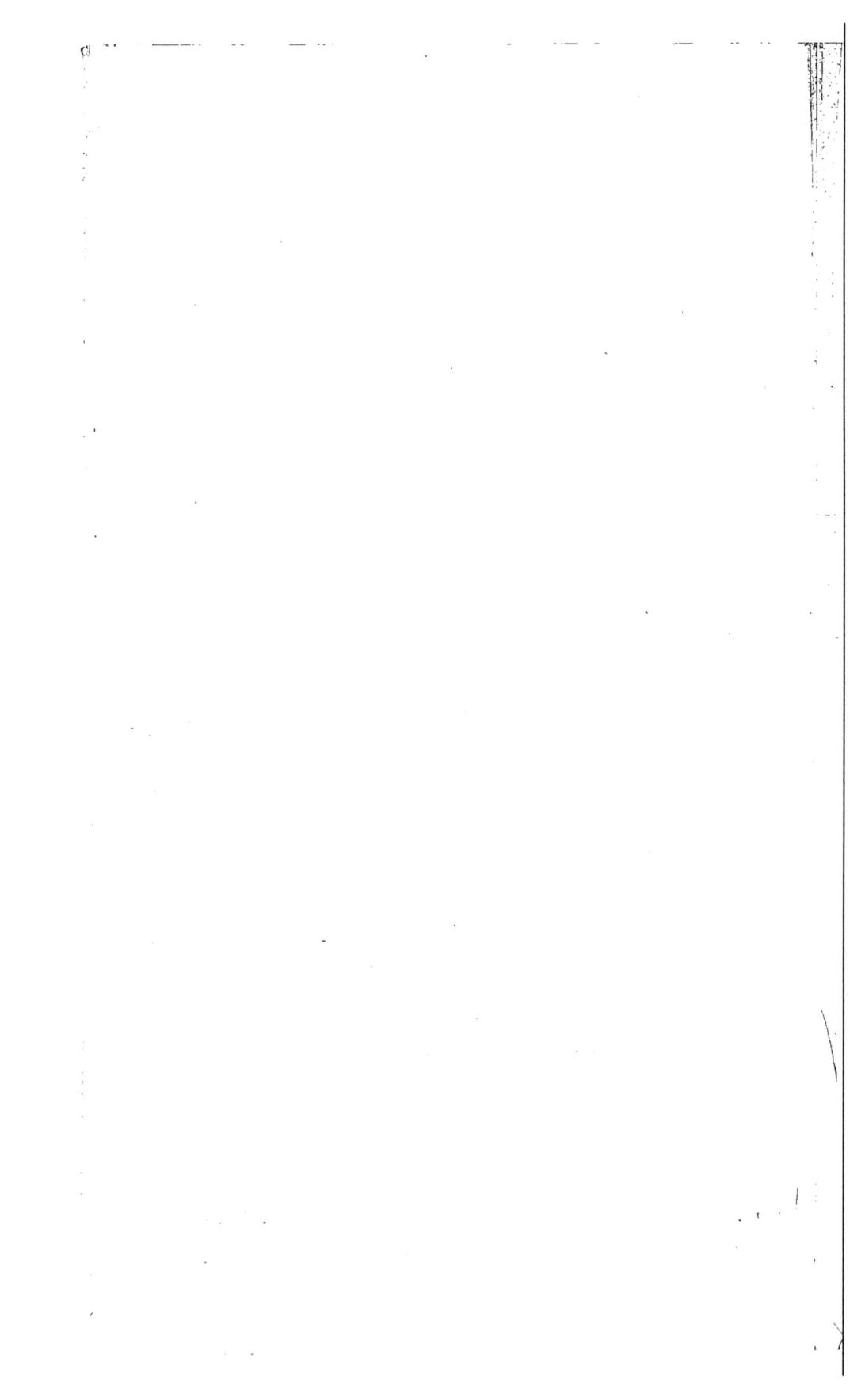

PLAN
DES ANCIENS TRAVAUX D'EXPLOITATION
dans les quartiers
DE LA ROUSSIGNOLE, PIOCH-FARRUS & BALLARADES,
COMMUNE DE CABRIÈRES.
(Hérault.)

Échelle de 1 à 10000

Coupe des Anciens Travaux dans le quartier des Ballarades

NORD

A

B

CARTE GÉOLOGIQUE
des environs de Neffiès, canton de Roujan
Arrondissement de Béziers, Départ.t de l'Hérault.
Echelle de ...

INDICATION
des
Terrains.

A — Schistes à Trilobites.
— Carynocées et Dolomies.
— Calcaire siluvien.
— Calcaire à Polypiers siliceux.
— Grès du Néocomien.
— Calcaire sous fossiles.
— Quartzite à Bournon.
— Quartzite détritoïdes ferrugineux.
— Calcaire à Gruinottes.
— Calcaire à Productives.
— Terrain houiller.
M — Conglomérats calcaires.
N — Schistes à Caprotiles.
O — Conglomérat silurien.
— Trias.
— Lias.
— Terrain jurassique.
— Terrain urétien.
— Diluvium.
U — Tuf.
V — Porphyre rouge.
— Roches métamorphiques.
— Basaltes.
Z — Filons de Basalt et Cuivre.
W — Failles.
— Exploitations de Gypse.

Imp. lithog. W. Storck Lyon.

www.ingramcontent.com/pod-product-compliance
Lightning Source LLC
Chambersburg PA
CBHW071234200326
41521CB00009B/1461